國寶大師の

日式炸物好吃祕訣

大田忠道 著／張華英 譯

瑞昇文化

油炸是「萬能調理法」

油炸，可說具有「萬能調理法」的魅力。

任何食材，都能透過油炸增添味道、變得更加美味。比方說，好吃但苦澀味濃郁的食材，只要經過油炸過程，就能讓苦澀感變得溫和。透過「油」這種中間媒介，能使味道、口感、香氣朝正向改變。這也代表著，油是萬能的。油品品質的提升也是非常重要的。為了帶出香味而用來油炸的植物性油品，其種類已越發多元，可選擇的商品也增加了不少。

當然，這必須是油炸方法皆正確無誤的情形。

簡單來說，油炸的調理方法是必須先確實擦乾食材上的水分，再用麵粉裹在食材周圍，然後沾上麵衣後才進行油炸。這雖然是步驟簡單的調理方法，然而，麵粉要裹得多厚、麵衣要沾多少量、油溫要設定在幾度等，這些問題都必須在調理前就先思考周全才行。

再者，最終極的困難點在於「如何依食材，評估、調整水分」。雖然說起來都一樣是「沾上麵衣後」或者「內餡食材要保持水嫩狀態」等，但依據食材，卻無法如此直接斷言。因應不同食材、不同的油炸種類、甚至是食材的不同狀況，都必須進行水分的調整。

本書刊載了120多道油炸料理的食譜和作法，若能成為各位研究美味油炸方法的參考資料，將是我莫大的榮幸。

大田忠道

1945年，生於日本兵庫縣西宮市。大田忠道料理道場的道場長。兵庫縣日本調理技能士會會長、「百萬一心味、全國天地會」會長。23歲即任職有馬溫泉旅館（ARIMA Grand Hotel）的副料理長。歷經中之坊瑞苑總料理長後，於2002年開設「四季之彩・旅籠」。爾後，開設料理旅館「天地之宿　奧之細道」、「御馳走塾　關所」等餐廳。另外，特別指導旗下於全國旅館擔任料理長的諸弟子們料理技巧。1998年獲得「兵庫名匠（兵庫の匠）」證書、2001年獲得「神戶名人（KOBE MEISTER）」證書。2004年獲頒「黃綬獎章」、2012年獲頒「瑞寶單光獎章」。

國寶大師の日式炸物好吃秘訣 ~目次~

使用本書之前

炸油方面，除了特別指定的某種炸油外，一律從食譜的材料欄中省略。請準備您喜好的油。
同樣的，拌炒用的油除了特別指定的情形外，一律從食譜的材料欄中省略。請使用您喜好的油。

材料的人數方面，若是拼盤等情形則省略不提。
材料的份量則會依食材大小等因素改變。請作為估算的標準使用。另外，標註為適量的情形時，請使用您喜好的份量。

食譜中的油炸時間、油的溫度等會因條件而異。請配合您使用的器具，邊觀察狀態邊操作。

按照標準步驟製作麵衣或添加物等時，會省略作法。作法請參照以下頁數。

天婦羅麵衣……P20
薄麵衣……P20
油炸麵衣……P44

油炸物美味的
基本技術

關於炸油

用來油炸的油，會依據使用目的，使油炸品的味道改變。請根據油品本身具有的香氣和風味，挑選適合的油。各類油品中，沙拉油和白絞油沒有特殊習性，容易使用。

油的種類與特徵

白絞油……精煉菜籽油所製成的調理食用油。市面上將其作為天婦羅油販售。亦指大豆油或棉籽油提煉出的油品。任何食材皆可使用，價格也相當親民。

沙拉油……將白絞油更進一步精煉，純化至生食亦可使用的料理食用油。任何食材皆可使用，能油炸出清爽無負擔的成品。

大豆油……從大豆種子提煉出來的油。精煉成食用油的產品，除了會當作大豆油使用外，也會作為白絞油或沙拉油使用。油炸時，大豆的甜味與美味會移轉到食材上，炸出口感多元、風味豐富的油炸品。

胡麻油（麻油、香油）……從烘焙出香味的芝麻種子提煉出來的油。內含抗氧化物質，因此和其他油品相比，較不易引起氧化。適合用於帶有強烈風味的食材。

如何依種類正確使用

關於油的挑選，與其以「哪種油適合哪種食材」來做判斷，不如以「想要油炸出何種狀態、炸出怎樣的成品」等方式思考，以期望的結果作為挑選時的依據，反而會更合適。比方說，想要炸出清爽的感覺，就選用白絞油或沙拉油；想要炸出充滿香氣、味道濃郁的成品，就在油炸時添加一些胡麻油等等。

油的份量

份量多比較能炸得酥脆，瀝油的效果也比較好。食材放入的份量不要超過油表面積的一半。

油炸溫度

油的溫度必須視食材調整。以高溫連續使用，會使油變質的速度加快。

- **低溫**……150℃～160℃………適合蔬菜單純油炸，以及想要仔細油炸時。
- **中溫**……160℃～170℃………適合海鮮類，以及絕大多數的食材。
- **高溫**……180℃以上…………適合變化劇烈的食材（冰淇淋等），以及二度油炸時。

油溫的外觀辨識方法

剝掉麵衣，依麵衣的狀態辨識。

- **低溫**……麵衣沉到鍋底。……………

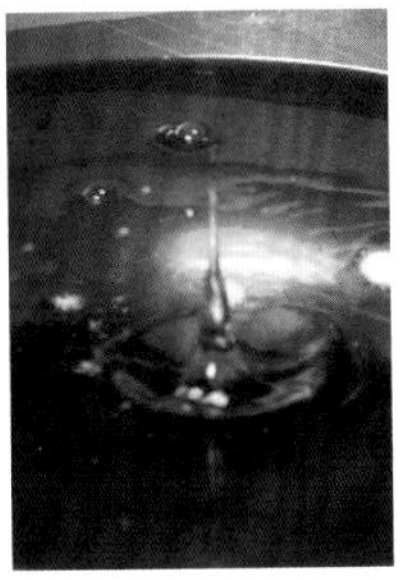

- **中溫**……麵衣往下沉，但在中途往上浮起。…

- **高溫**……麵衣立刻往上浮起。……………

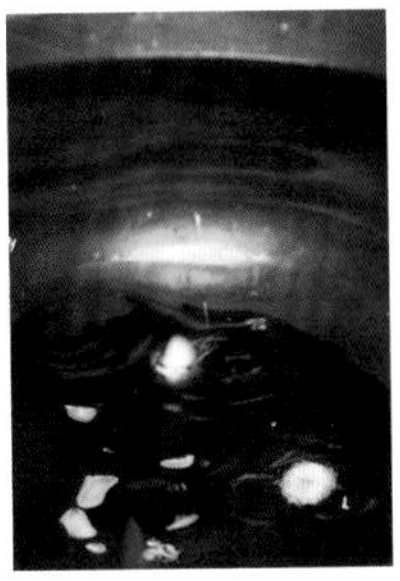

把溫度調整成一致

在查看油溫之前，把油倒入鍋中後，先用長筷攪動整個鍋內的油，把油攪拌均勻。

感受麵衣、沾鹽、醬汁的樂趣

正因為油炸的烹調方法相當單純簡樸，所以在麵衣上聚精會神下工夫，或是加入沾醬油做成和洋式折衷類型等，都對料理人而言有許多發揮巧思的樂趣。

決定油炸物味道的

變化無窮的天婦羅麵衣

本篇將介紹17種變化豐富的天婦羅麵衣。把充滿香氣且口感具變化的食材放入天婦羅麵衣中攪拌均勻。根據不同食材，有些天婦羅麵衣可以只用水來取代蛋水。把具水分的食材放入時，必須調整麵衣的水分量。

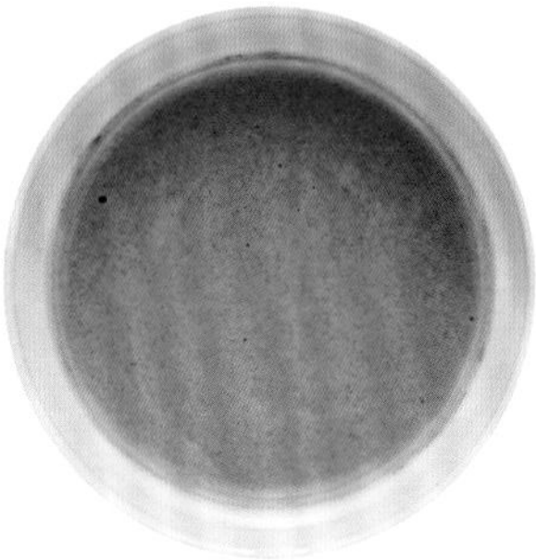

菠菜麵衣

汆燙後用果汁機攪拌成綠色汁液的菠菜＋天婦羅麵衣

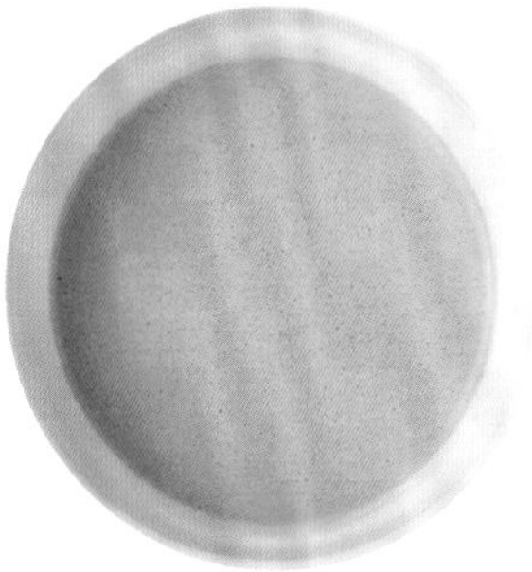

蛋黃麵衣

蛋黃＋麵粉＋水

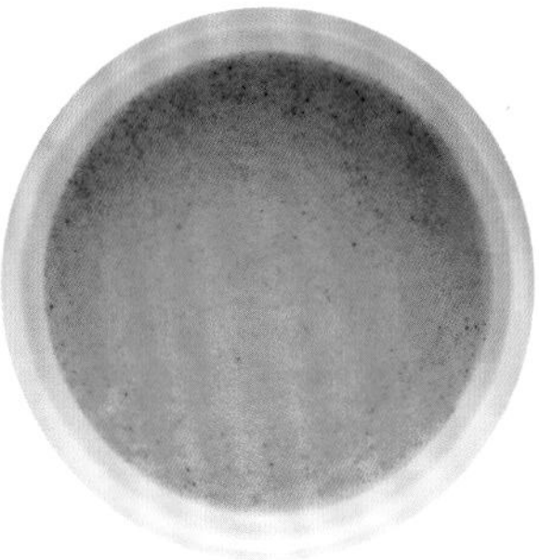

甜椒麵衣

甜椒粉＋天婦羅麵衣

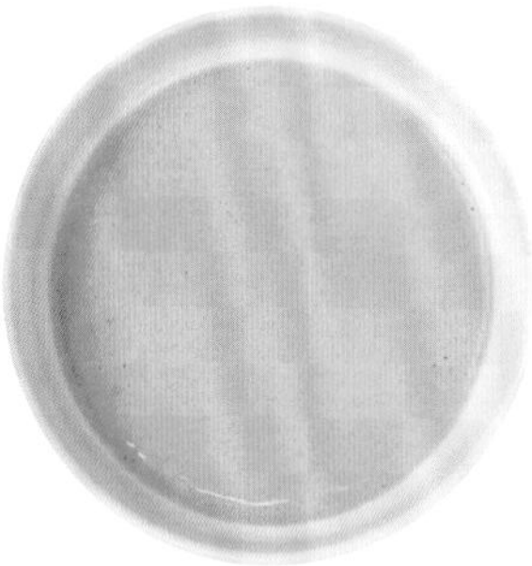

番茄麵衣

番茄泥（或番茄汁）＋麵粉＋水

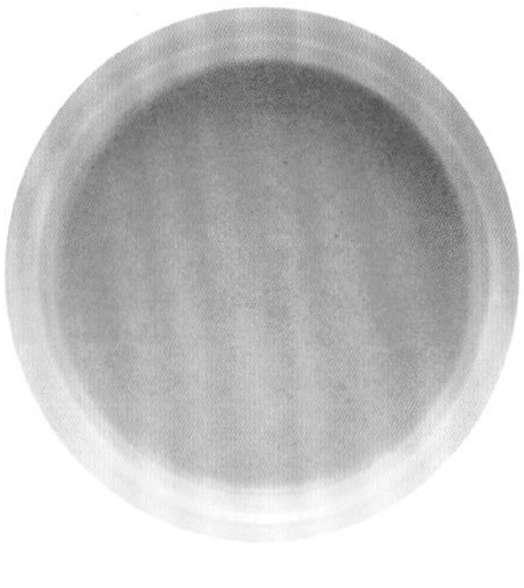

胡蘿蔔麵衣

蒸熟且有過濾的胡蘿蔔泥＋天婦羅麵衣

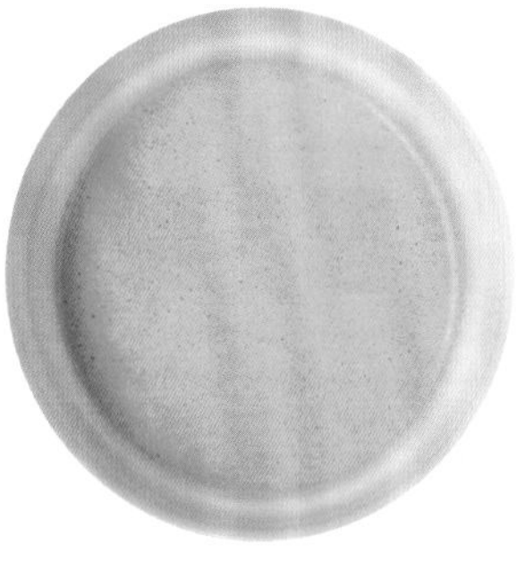

南瓜麵衣

蒸熟且有過濾的南瓜泥＋麵粉＋水

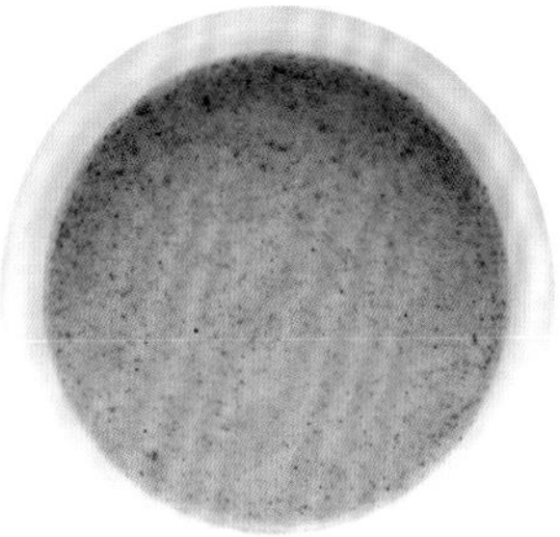

黑芝麻糊麵衣

黑芝麻糊＋天婦羅麵衣

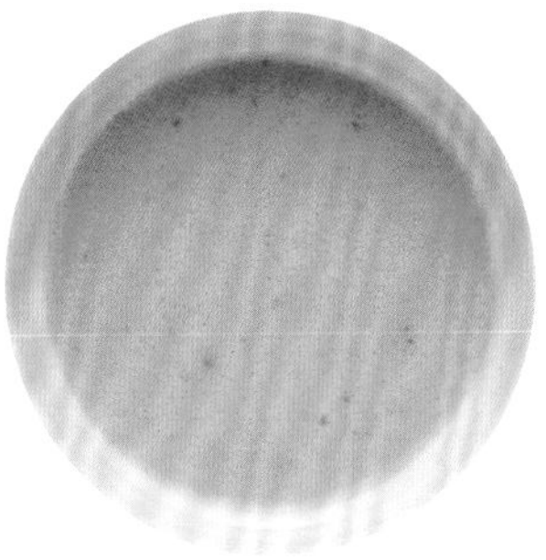

梅肉麵衣

切細剁碎的梅肉＋天婦羅麵衣

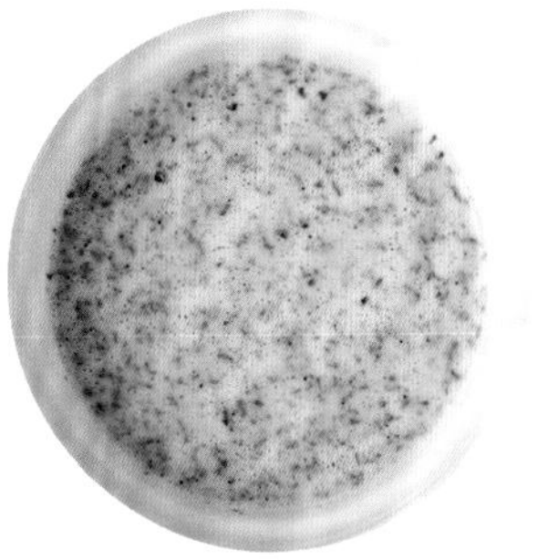

海味麵衣（磯邊麵衣）

切成細末的海苔＋天婦羅麵衣

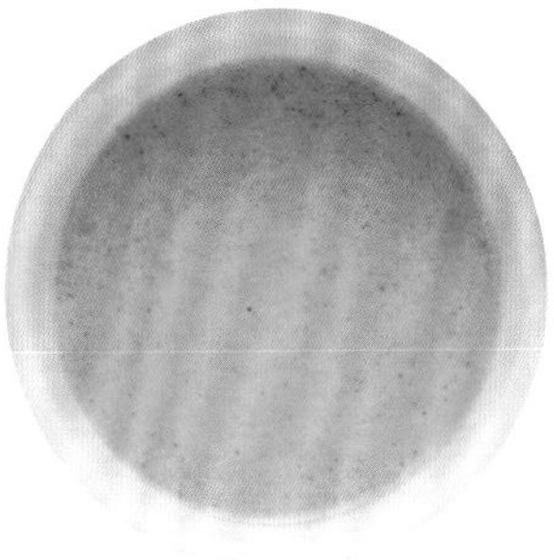

咖哩麵衣

咖哩粉＋天婦羅麵衣

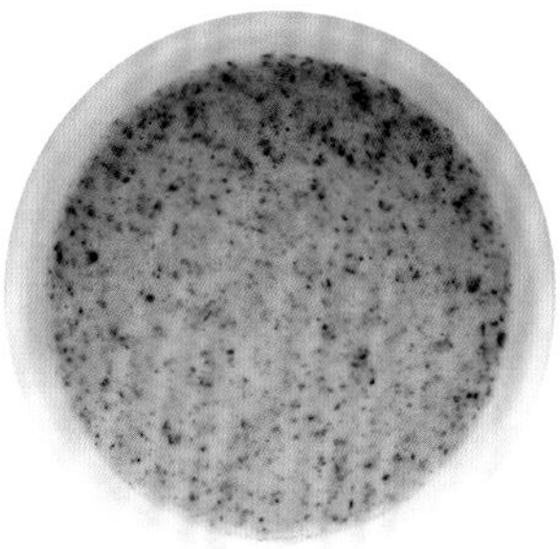

芝麻麵衣

細研磨的黑胡椒＋天婦羅麵衣

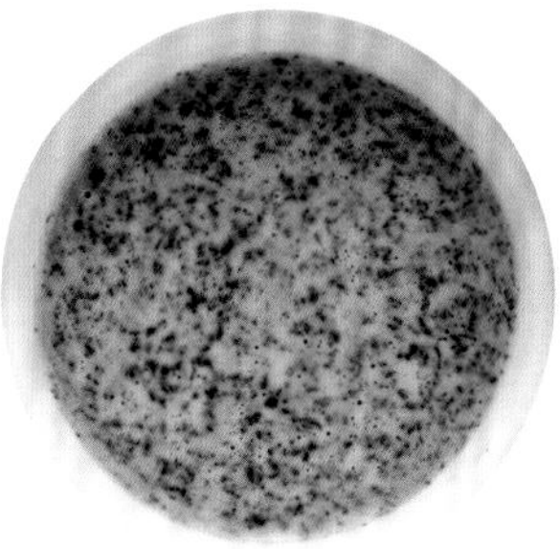

紫蘇麵衣

紅紫蘇粉末＋天婦羅麵衣

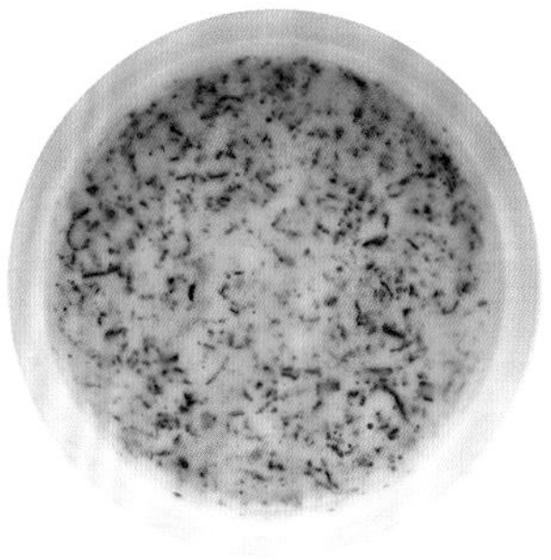

海帶芽麵衣

泡水還原並剁碎的海帶芽
＋天婦羅麵衣

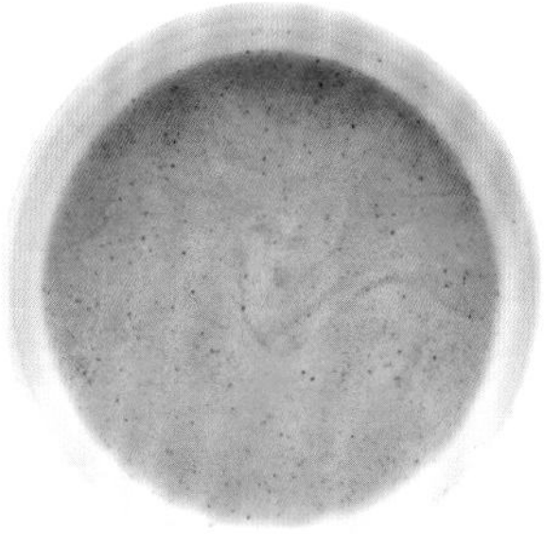

辣椒麵衣（唐辛子麵衣）

細研磨的韓國辣椒（韓國辣椒的風味比較明顯）
＋天婦羅麵衣

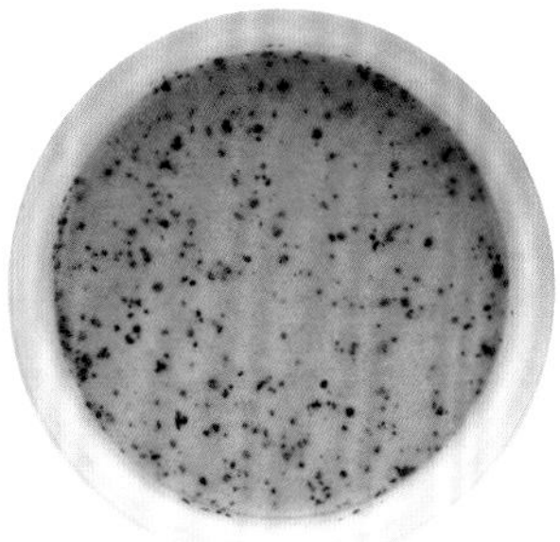

抹茶麵衣

抹茶粉＋天婦羅麵衣

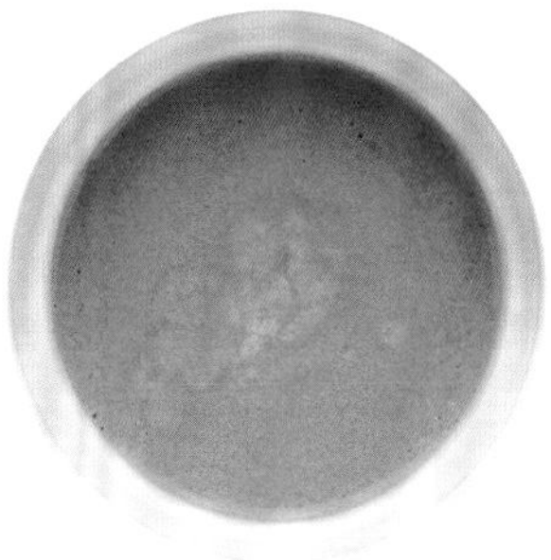

海膽麵衣

海膽醬＋天婦羅麵衣

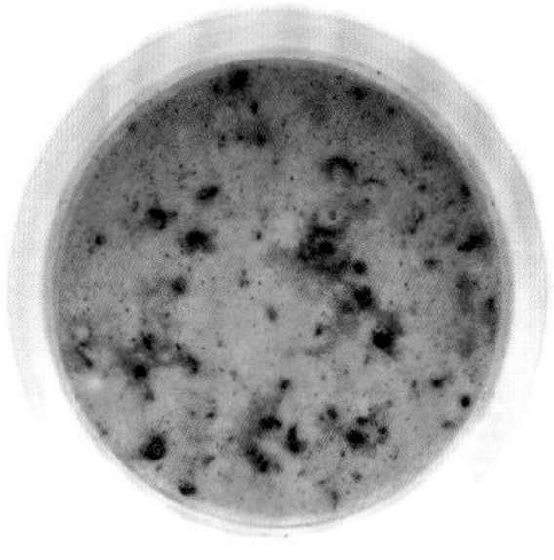

山椒麵衣

山椒粉＋天婦羅麵衣

為油炸物增添色彩的

煎炸、其他類型的多變麵衣

本篇將介紹20種用於煎炸或其他處理時使用的多變麵衣。用這些材料取代麵包粉沾在油炸食材上，或是和麵包粉混合後沾在食材上使用。根據不同食材，也可以加到天婦羅麵衣上，作為天婦羅的多變麵衣使用。

年糕碎塊

油炸過的年糕碎塊弄碎後的成品

雪餅（小煎餅）

鹽味煎餅弄碎後的成品

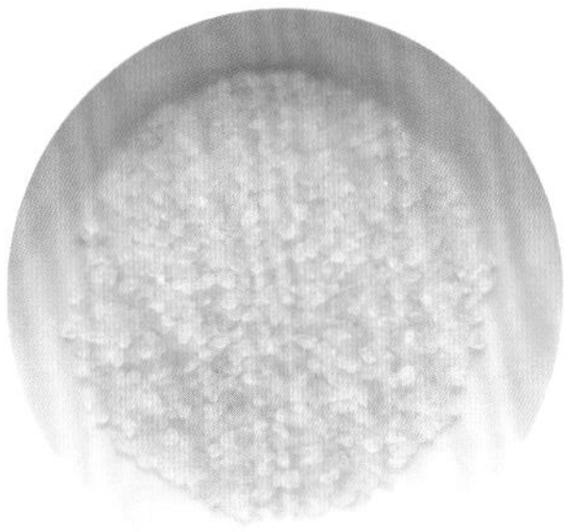

道明寺粉

道明寺粉（糯米的加工品。和蛋白混合後沾著油炸的油炸物，稱為「道明寺油炸物」）

碎年糕

年糕碎塊弄碎後的成品

圓珠雪餅

藕粉茶、茶泡飯用的圓形雪餅

微塵粉

微塵粉（糯米的加工品。有綠色、粉紅色、黃色、白色等類型。和蛋白混合後沾著油炸的油炸物，稱為「微塵粉油炸物」）

柿之種米果

柿之種米果（或柿之種米果加花生）弄碎後的成品

五色雪餅

圓珠雪餅上色後的成品

蝦餅

蝦餅弄碎後的成品

水果乾
切成碎末的水果乾

白芝麻
炒過的白芝麻

玉米片
維持原狀的玉米片，或是玉米片弄碎後的成品

冬粉
切成1～2cm長的冬粉段

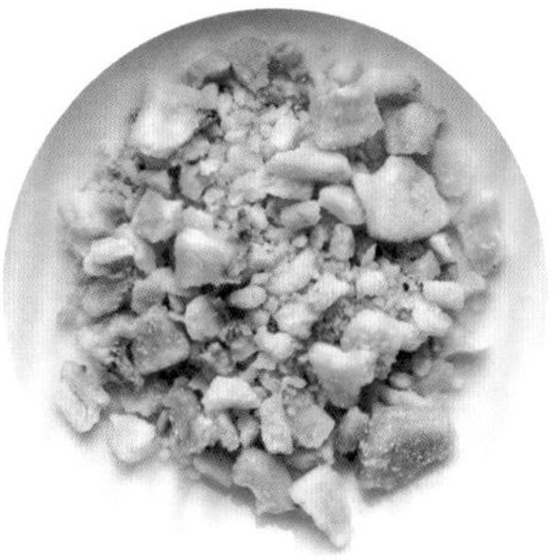

香蕉片
維持原狀的香蕉片，或是香蕉片弄碎後的成品

黑芝麻
炒過的黑芝麻

大豆
大豆的加工品

米紙
把色粉上色好的米紙切成細絲狀的成品

罌粟籽
罌粟籽（也有黑色的罌粟籽，但一般多用白色的）

杏仁
杏仁薄切片

酥炸玉米粒
玉米粒的油炸物

讓油炸物變有趣的
各式各樣的鹽

鹽的美味能更突顯油炸物的風味。在礦物質豐富又帶有天然甘甜味的天然鹽或精鹽（鹽當中有添加10～30％風味調味料的風味鹽）中，添加各種食材調製成多變化的鹽，搭配這些鹽，能使油炸品更加豐富有趣。

柚子鹽

柚子皮粉末＋鹽

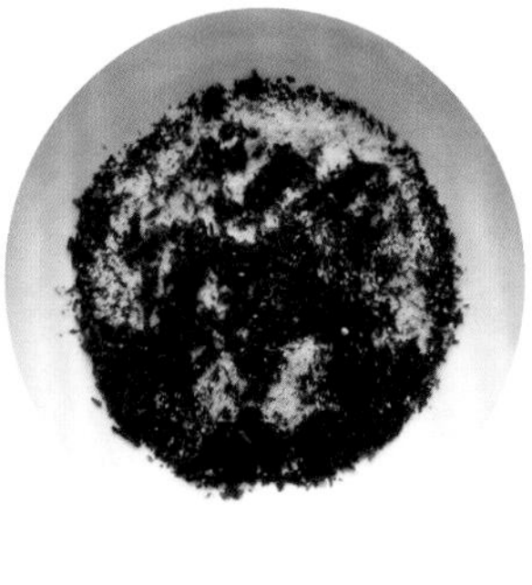

番茄鹽

番茄粉＋精鹽

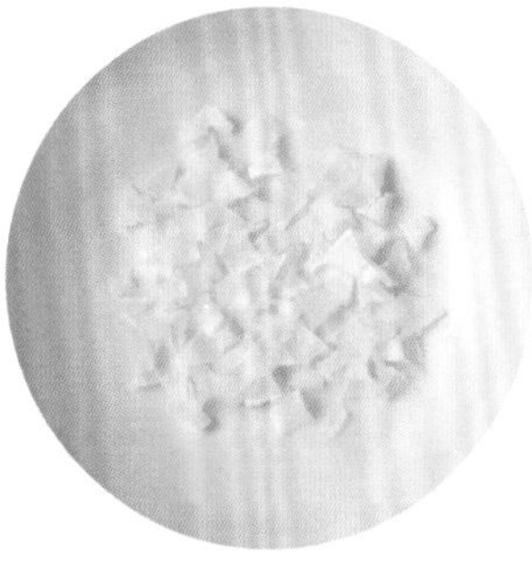

峇里島的鹽

礦物質豐富又帶有天然甘甜味的印尼峇里島的天然鹽

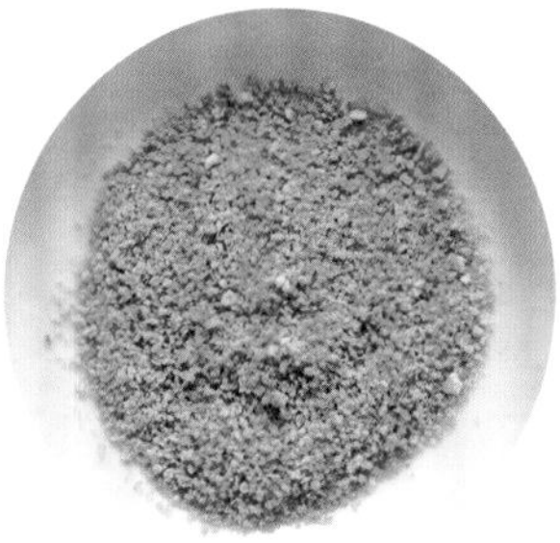

柑橘鹽

柑橘粉末（把切片柑橘用烤箱烘烤1小時再研磨成粉末狀）＋精鹽

覆盆子鹽

覆盆子粉末（冷凍乾燥品）＋鹽

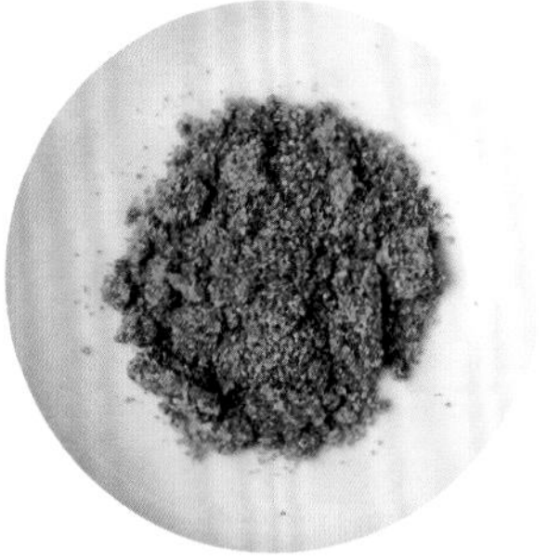

烏魚子鹽

磨成泥的烏魚子＋鹽

豌豆鹽

豌豆粉末（把乾燥的豌豆研磨成粉末狀）＋鹽

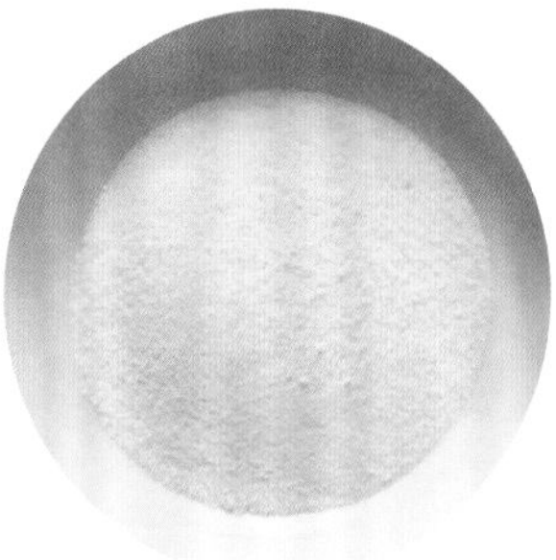

檸檬鹽

檸檬汁＋鹽
●須混合後乾炒

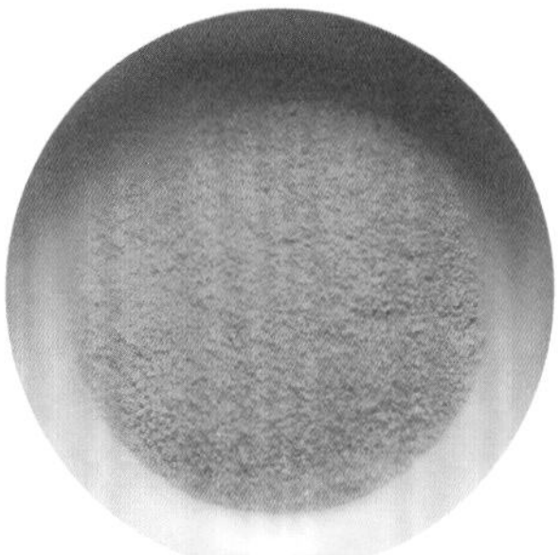

昆布鹽

昆布粉末＋鹽

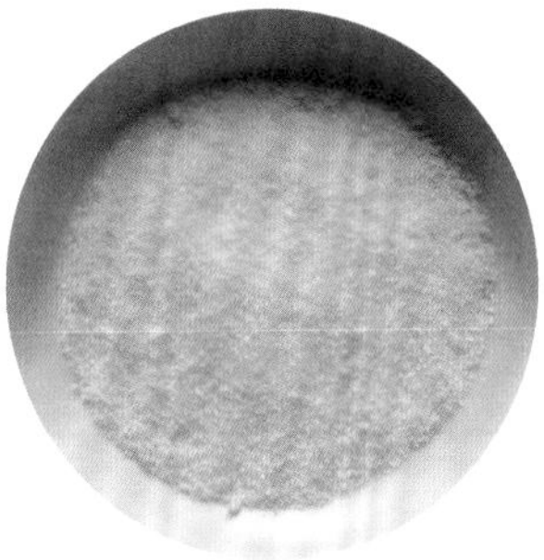

起司鹽

起司粉＋鹽

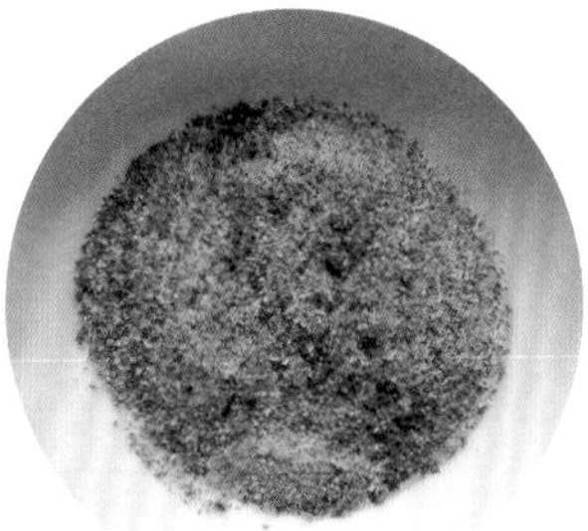

咖哩鹽

咖哩粉＋鹽

蝦鹽

蝦粉末（用烤箱烘烤蝦殼再研磨成粉末狀）＋精鹽

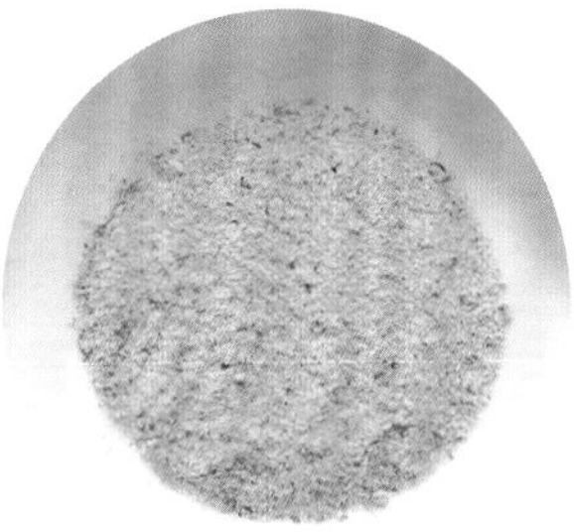

藥草鹽

乾燥羅勒＋乾燥肉荳蔻＋精鹽

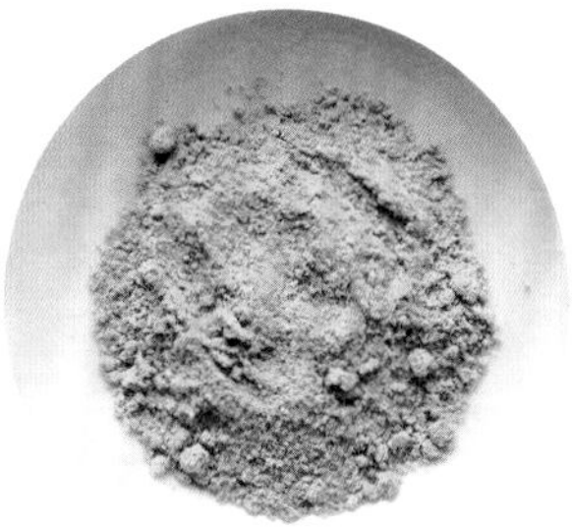

黃豆粉鹽

黃豆粉＋鹽

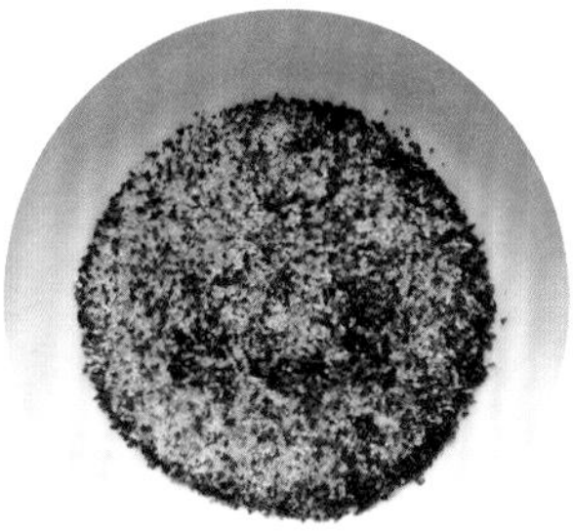

辣椒鹽

韓國辣椒（也可以使用七味辣椒粉、一味辣椒粉）＋鹽

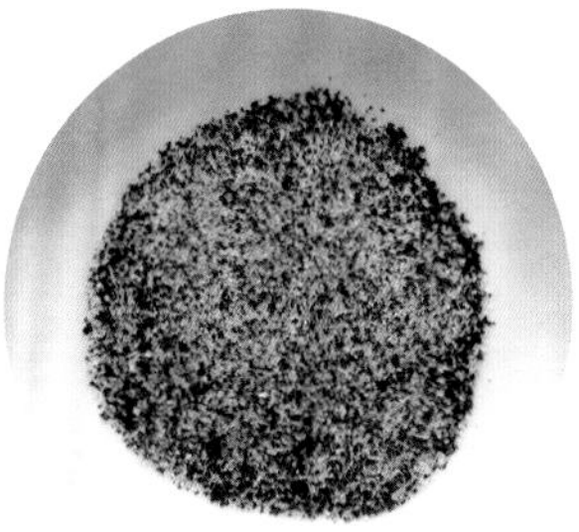

海帶芽鹽

海帶芽粉末（把乾燥海帶芽弄碎成粉末狀）＋鹽

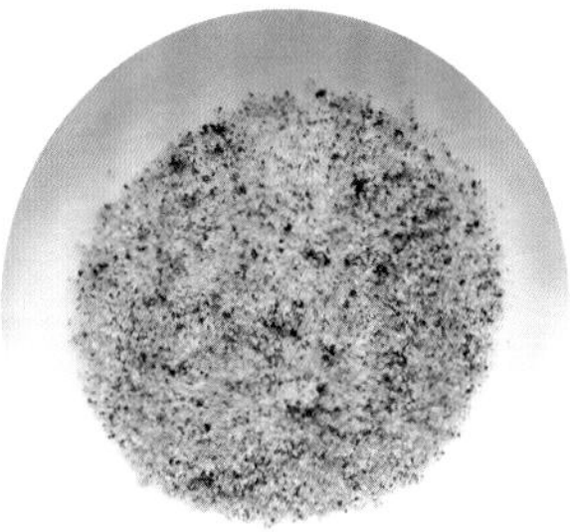

梅鹽

紫蘇粉末＋鹽

煎蛋鹽

煎蛋（細緻的炒蛋）＋鹽

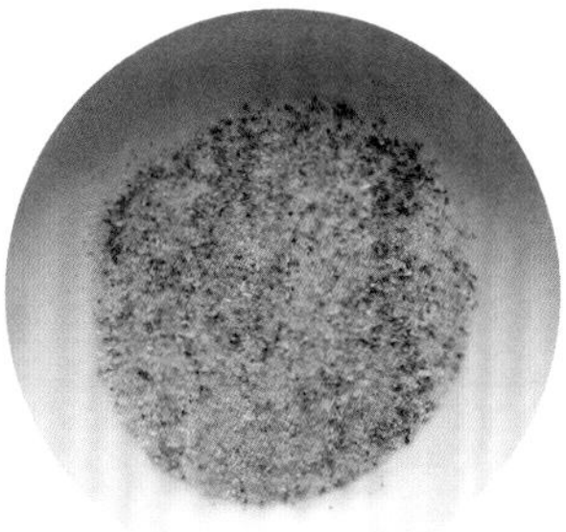

山椒鹽

山椒粉＋精鹽

抹茶鹽

抹茶＋鹽

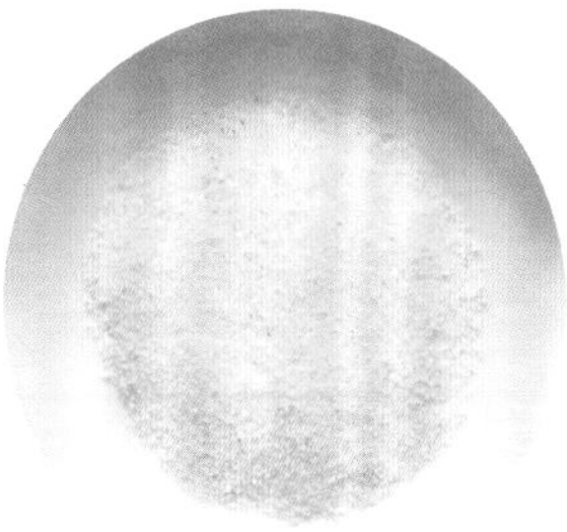

生薑鹽

生薑汁＋鹽
●須混合後乾炒

為油炸物增添變化的

各式各樣的醬汁

日式醬汁，除了有經典的天婦羅沾醬汁或煎煮沾醬汁外，還有蛋黃醬油或生薑餡等；和洋式醬汁，則會把辣椒或黃油加到優格或美乃滋裡，應用於油炸物的沾醬上，能使醬汁豐富又多樣化。

※詳細作法請參閱142頁。

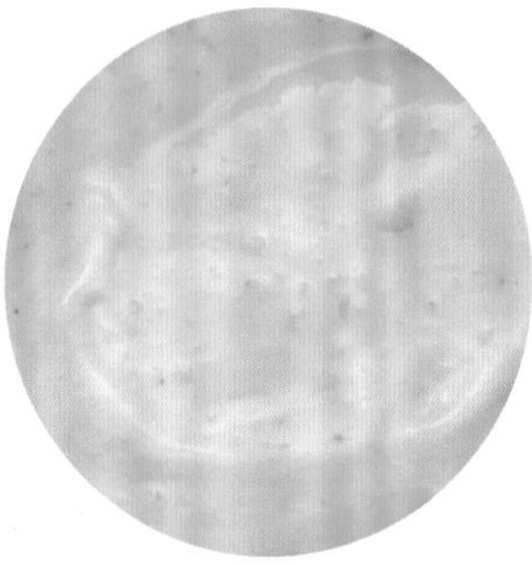

美乃滋柚子胡椒醬

美乃滋＋柚子胡椒

芝麻醬

橙汁＋美乃滋＋胡麻油
＋白味噌等

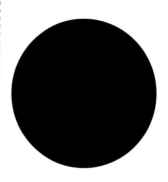

醬油醬

醬油＋大豆醬油＋酒＋大蒜
＋生薑等

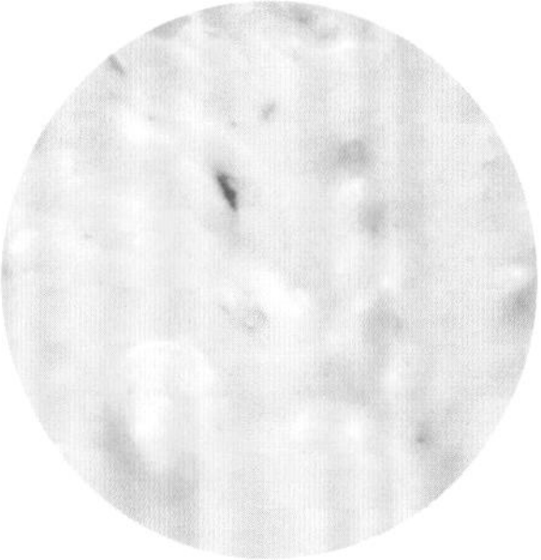

塔塔醬

美乃滋＋水煮蛋
＋醃黃瓜（切碎）＋蔬菜等

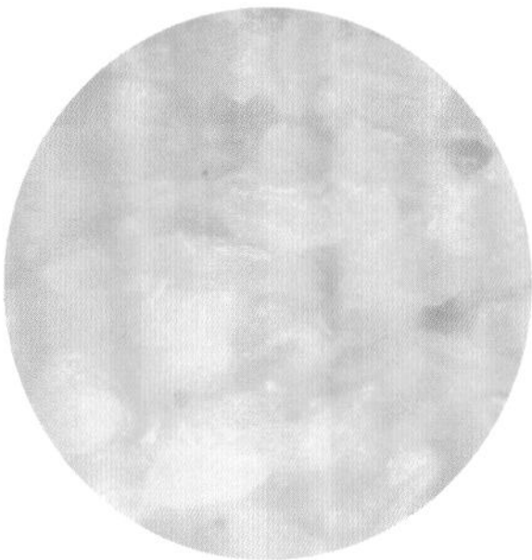

鹽麴醬

鹽麴＋洋蔥＋檸檬汁
＋橄欖油等

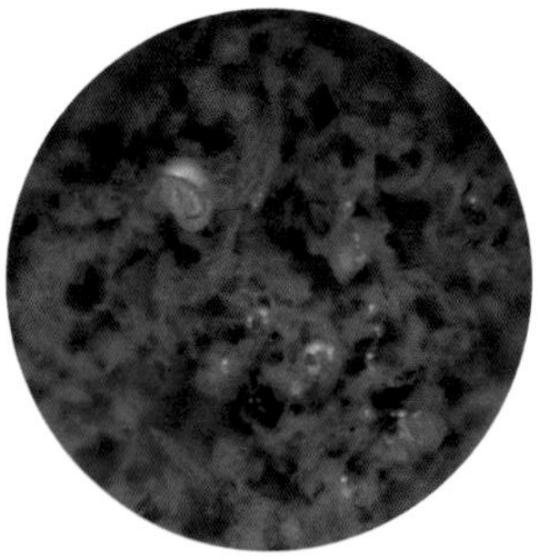

蔥醬

青蔥＋洋蔥＋醬油＋沙拉油等
●用果汁機混合攪拌

番茄奶醬

美乃滋＋番茄醬

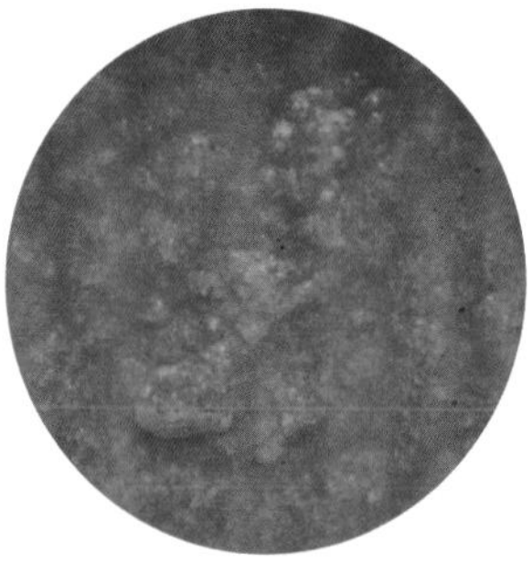

海膽醬汁

生海膽＋海膽醬＋高湯＋醬油

味噌醬

八丁味噌＋酒＋砂糖＋蛋黃等

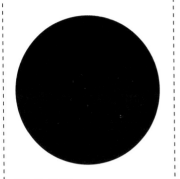

覆盆子醬

覆盆子＋砂糖＋醋

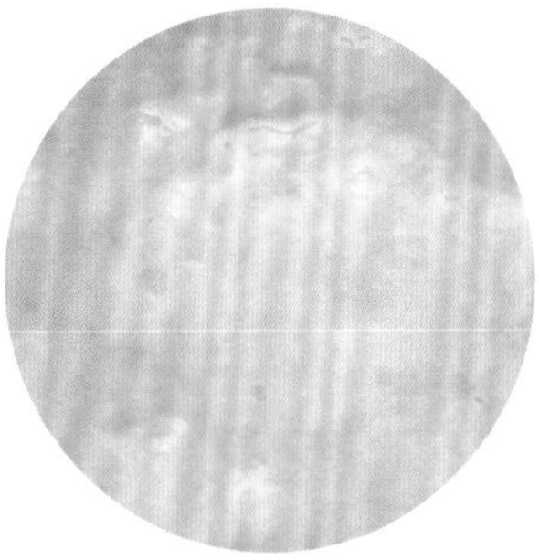

白蘆筍醬

白蘆筍＋棕色蘑菇＋白醬等

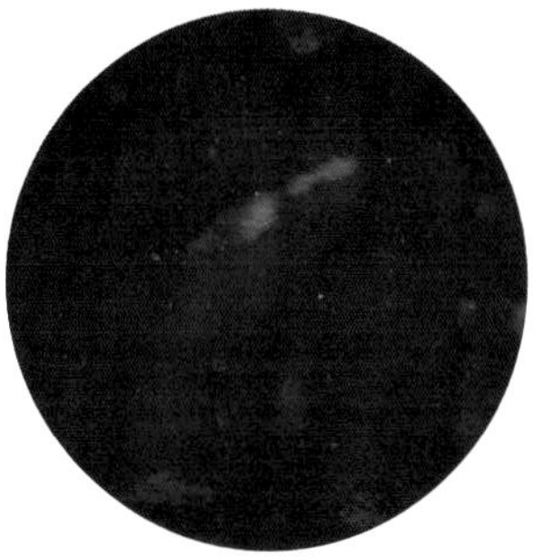

肉醬

牛、豬、雞絞肉＋蔬菜＋大蒜＋紅酒等

優格芥末醬

純優格＋芥末＋檸檬汁等

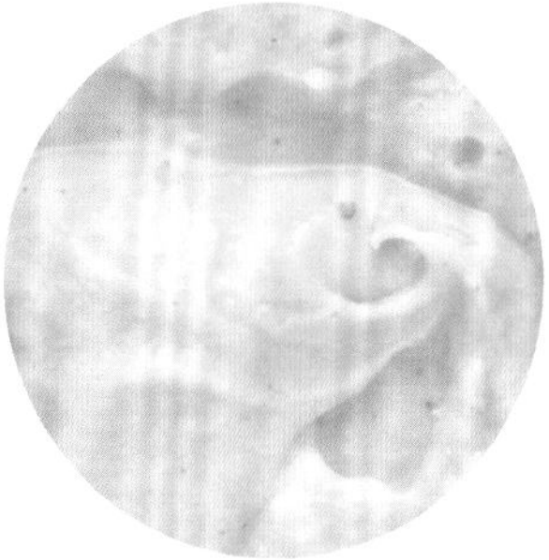

香蕉醬

香蕉＋大蒜＋鯷魚＋鮮奶油等

豆醬

豆子＋洋蔥＋醬油＋沙拉油等

凱薩醬

美乃滋＋鮮奶＋起司＋檸檬＋大蒜等

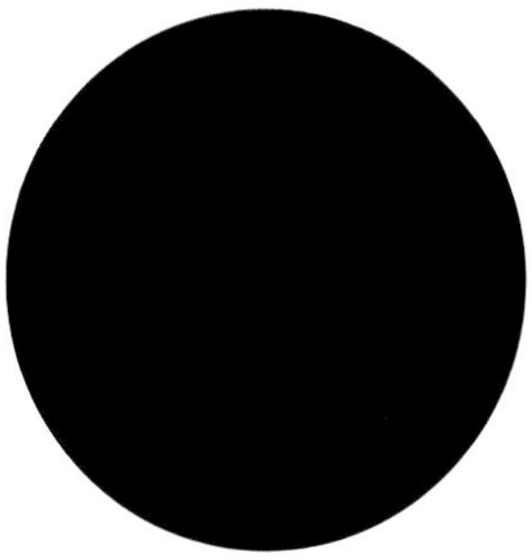

咖啡醬

濃縮咖啡＋昆布高湯＋砂糖（焦糖）

藍莓醬

藍莓＋蘋果＋洋蔥＋鷹爪椒等

羅勒醬（青醬）

羅勒＋洋蔥＋醬油＋味醂＋沙拉油等

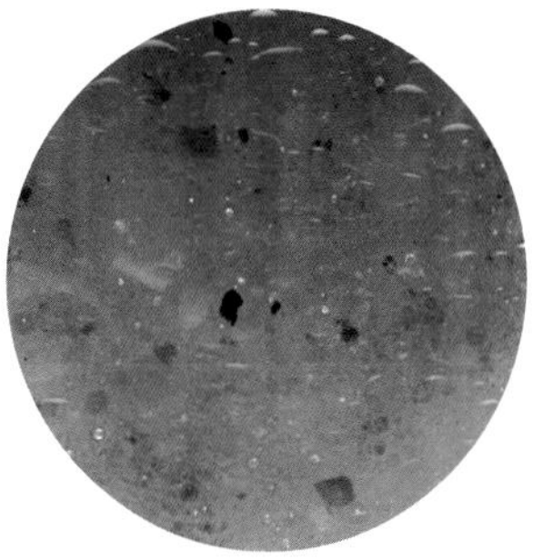

義大利醬

橄欖油＋大蒜＋羅勒＋迷迭香等

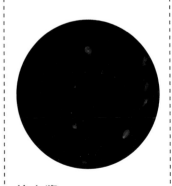

烤肉醬

醬油＋蔥＋大蒜＋蘋果＋胡麻油等

基本的油炸物

其一 天婦羅

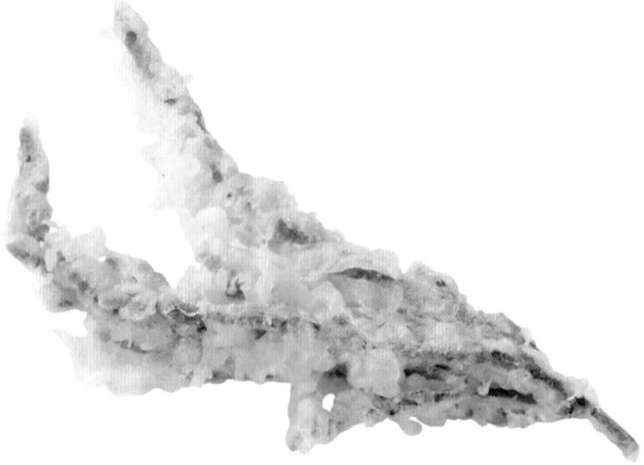

何謂美味的天婦羅

世界上有許多和天婦羅相同外型的油炸料理，然而，日本料理的天婦羅麵衣輕薄，油炸方式也別出心裁，在料理方面的做工等，極具獨特之處。

需要特別留意的是，油的溫度和油炸程度的增減。以適當溫度凝固麵衣後，根據食材性質，讓食材內部以半熟狀態端上桌，或是要充分過火煮熟等，在油炸火候的增減控制上是非常重要的。

不管決定以哪一種狀態呈現，過度油炸都會使成品變硬，在調理時是絕對嚴禁的。以前，有些人的作法是刺上松針油炸，再把松針拔下以觀察食材內部的油炸狀態。

麵衣必須依照食材改變濃度。新鮮度越好的，麵衣就越薄（減少麵粉），以維持食材原本的鮮度。把新鮮的食材鎖在麵衣裡過火調理，就像是蒸煮的料理般，能維持食材的水分，享受酥脆麵衣和鮮嫩飽滿食材的對比滋味。

基本油炸方法

天婦羅本身的重點，在於食材和麵衣的調和。天婦羅麵衣的材料有麵粉、雞蛋、水。比例以雞蛋1顆對麵粉600ml對水300ml為基本，且必須依食材和新鮮度調整濃度。當新鮮度越好，麵衣就要越薄，才可以襯托出食材的鮮味。

天婦羅麵衣

1 攪拌盆中放入1顆雞蛋，倒入水300ml。

2 用打蛋器充分攪拌。

3 麵粉600ml過篩備用。

4 把麵粉放入裝有蛋水的攪拌盆，用打蛋器輕快地混合。過度攪拌容易結塊，請注意。

5 麵粉不要一次全放進去，要邊觀察狀態邊放入，攪拌到把打蛋器往上提起時會有絲狀滴落般的濃度後，就完成了。須依照油炸食材改變濃度。

薄麵衣

增加溶解蛋的水量，減少麵粉對水分的比例，使濃度變稀薄。適合用於新鮮度佳的海鮮類，或沒有厚度的葉菜類等。

防黏手麵粉

連結食材和麵衣時使用的麵粉。
也稱為手粉。

裹上薄麵衣油炸
油炸櫻花銀魚

（作法請參閱35頁）

裹上天婦羅麵衣油炸
斗笠蓮藕天婦羅

（作法請參閱31頁）

海鮮

日本對蝦

海鮮的天婦羅代表，油炸日本對蝦（常見的炸蝦料理）※。先做好前置作業以免水花飛濺起來，要把蝦身調整成宛如正在游泳的狀態後再油炸，是準備時的一大重點。

前置作業

1 蝦子選用生鮮活蝦。

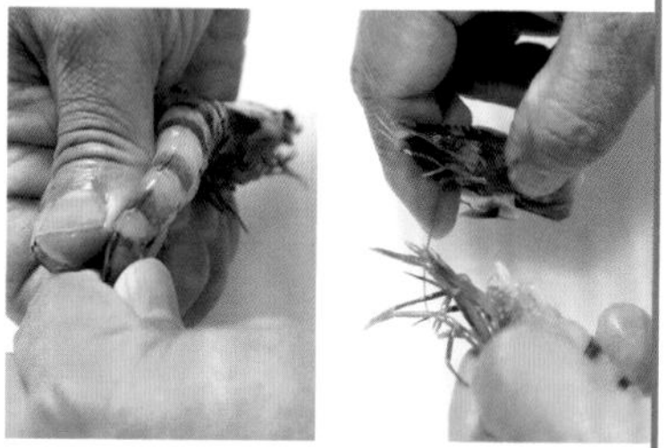

2 外殼要從尾巴開始剝，且邊剝殼邊拔掉頭部。

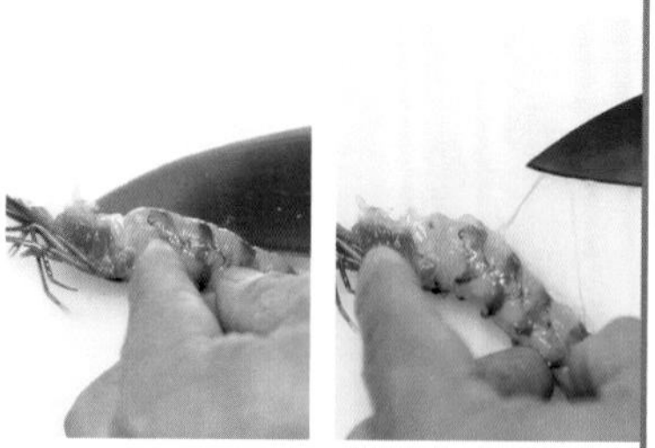

3 用菜刀在背部中央劃一刀，挑出腸泥丟掉。

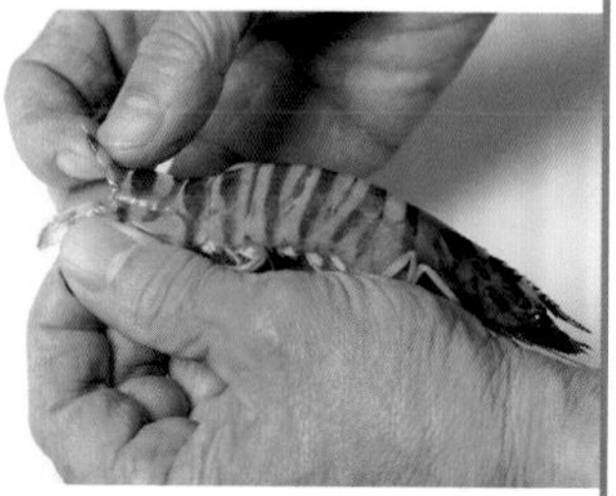

4 取下尾巴上方的硬殼。

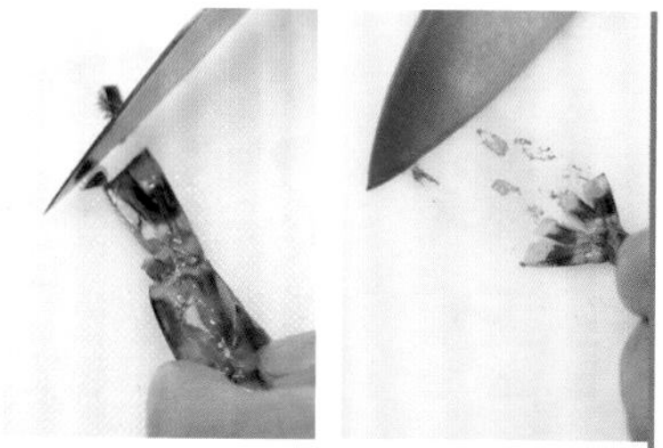

5 切掉尾巴前端，用菜刀切短並壓薄延展，防止水花飛濺。

6 用毛巾輕按，吸掉水氣。

7 在背上4～5個位置淺淺地劃出幾道刀痕，以免蝦身彎曲。

8 把背部朝上按壓住，調整成在游泳的形狀。

※：日本對蝦（Marsupenaeus japonicus），俗稱花蝦、竹節蝦、花尾蝦、斑節蝦、車蝦。

下鍋油炸

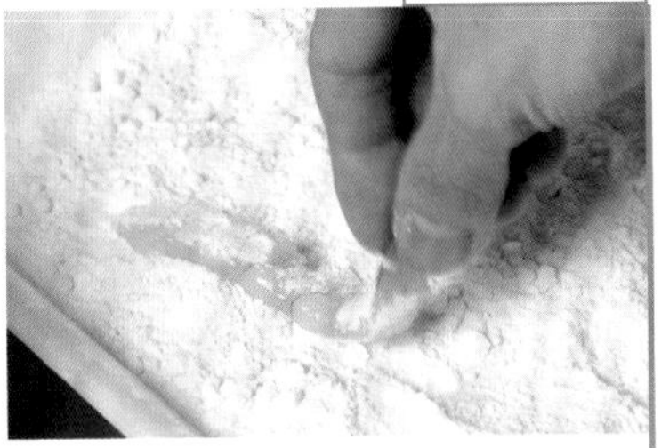

1 把粉撒在蝦子上。粉只要薄薄沾上一層能讓蝦子和麵衣相連的程度即可。

2 確認油已達170℃（參照P9）。

3 裹上麵衣。以日本料理獨特的薄沾法。

4 宛如讓蝦子游泳一般，靜靜地放進鍋內。

5 用筷子夾住兩側，讓蝦身延展。

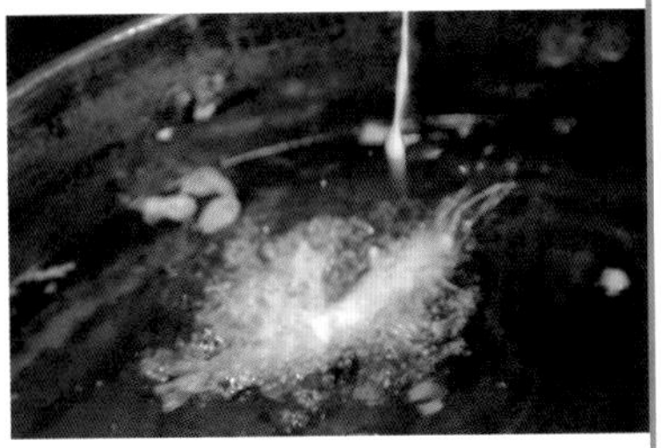

6 浮上油面後，用筷子把麵衣敲落。

7 把麵衣拉近自己，適當地讓「花」綻放。

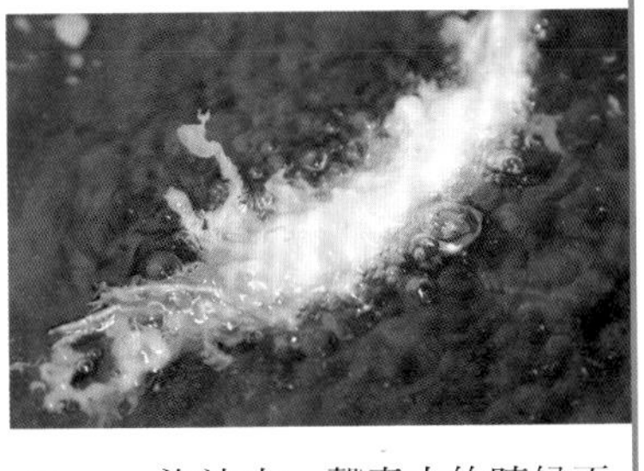

8 泡沫大、聲音大的時候不要繼續油炸。

9 只要泡沫變小、聲音的音頻提高就繼續油炸。

10 夾起來，在油鍋的上方甩動2～3下，把油瀝掉。

11 吸掉之前剝下的蝦頭的水氣，直接放進油裡油炸。

蔬菜

蔬菜會依根菜、葉菜等種類，而使沾裹麵衣的方式和油炸方式改變，也會因想要呈現出鮮色，或是想炸出香味等因素改變，因此應於一開始先想定完成品的樣貌，再來調整油炸過程的細節。

沾裹防黏手麵粉和麵衣

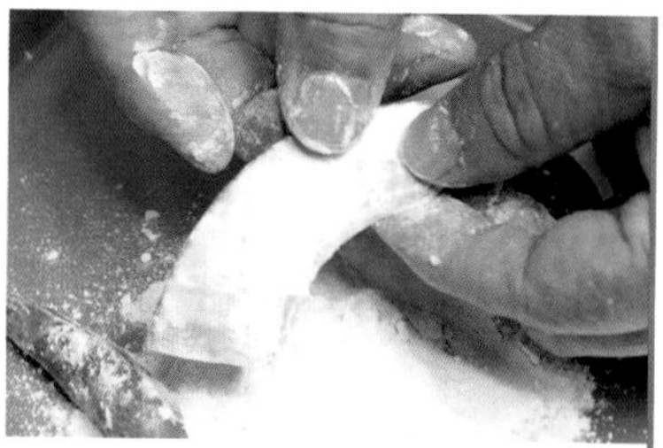

一般的情形

把南瓜切成容易食用的大小，薄薄地沾裹麵粉、在麵衣中涮一下。

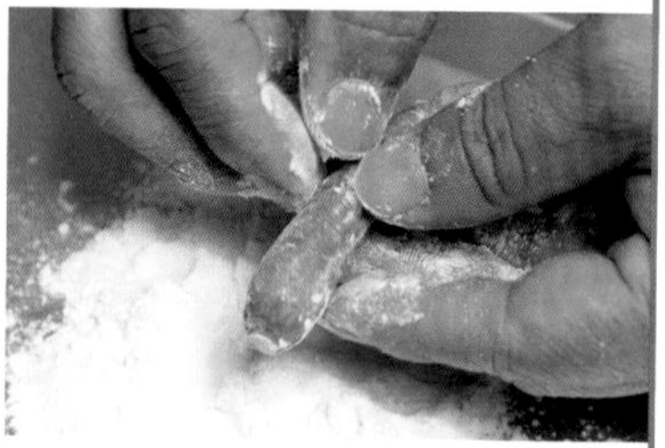

想要呈現出鮮色的蔬菜

青辣椒只有一半沾裹麵粉。

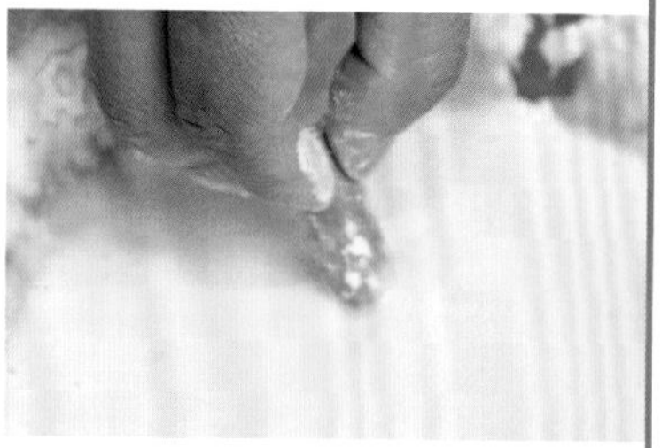

沾有麵粉的部分還要再沾裹麵衣。

小茄子切成茶刷造型，劃出幾道切痕，只在裡面沾裹麵粉和麵衣。

下鍋油炸

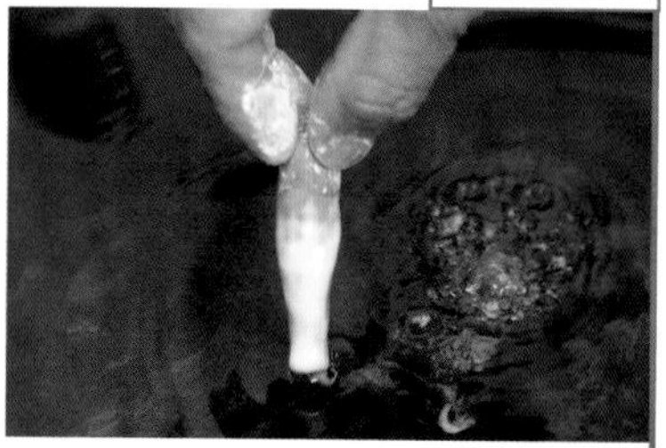

青辣椒沾裹麵衣的部分朝下放進油裡。油溫170℃。

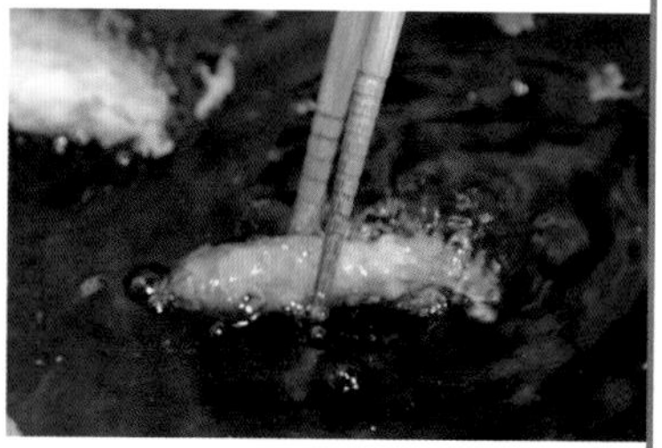

麵衣炸酥脆後就可夾起。

小茄子則是把想要呈現出鮮色的那一面朝下放進油裡。

鮮色的這一面都過油之後就翻面，油炸有麵衣的那一面。

蔬菜的天婦羅

油炸蓮藕烏賊夾心

（作法請參閱40頁）

像大葉片這種輕薄的蔬菜，可以先把麵衣放進油炸，再把蔬菜放在麵衣上。

1 讓麵衣擴展般先放進油裡，再把大葉片放在上面。

2 麵衣附著在大葉片上凝固後就翻面。

3 立刻夾起，把油瀝掉。

炸什錦

把多種切細的食材混合後油炸的炸什錦，是利用鐵勺等器具「綜合混勻後油炸」而得此名。本篇將介紹2種作法，包括只使用防黏手麵粉而不使用麵衣的方法，以及使用防黏手麵粉和少量麵衣的方法。

不使用麵衣的方法

1 蔬菜水洗後，輕輕拭去水氣。

2 放入攪拌盆，撒上少量的鹽調味。

3 放入麵粉。麵粉的量可邊攪拌邊調整。

4 均勻混合到整體都有沾裹上麵粉。

5 把油炸環（照片的產品為特製品）沉入油裡，放入蔬菜。

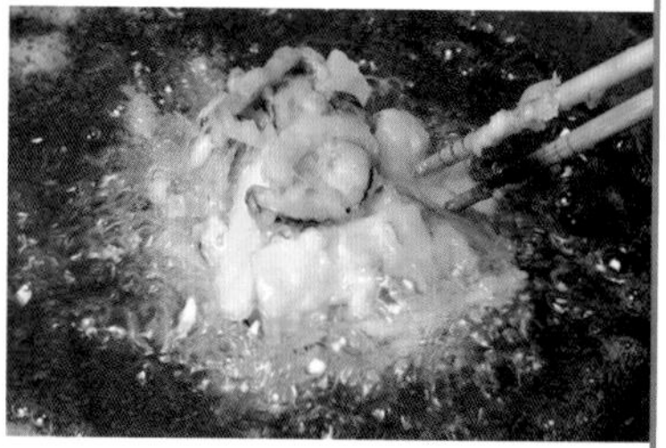

6 想要做出厚度感時，可重覆放入蔬菜，堆疊出山形。

7 等表面固定後就移開油炸環，翻面繼續油炸到內部也炸熟為止。

8 用網勺舀起來，徹底瀝掉油分。

使用麵衣的方法

做成炸什錦的蔬菜，必須要統整成能讓熱能均勻穿透的大小，切成1～2cm的塊狀為佳。適合不使用麵衣的方法的蔬菜，如香菇、青辣椒、胡蘿蔔、洋蔥、舞菇、蘆筍。適合使用麵衣的方法的蔬菜，如油菜、紅色或黃色的甜椒、洋蔥。放入洋蔥能讓炸什錦帶有甜味。另外，放入櫻花蝦、銀魚乾等，則可以提味。

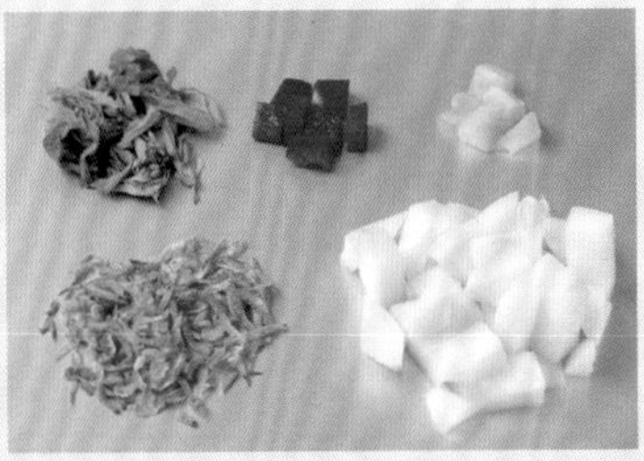

1 把水洗過的蔬菜放入攪拌盆，混合均勻。

2 放入麵粉，混合到蔬菜的水分都被麵粉吸收掉的程度。

3 倒入天婦羅麵衣。量不要太多，只要有沾裹到食材上就行了。

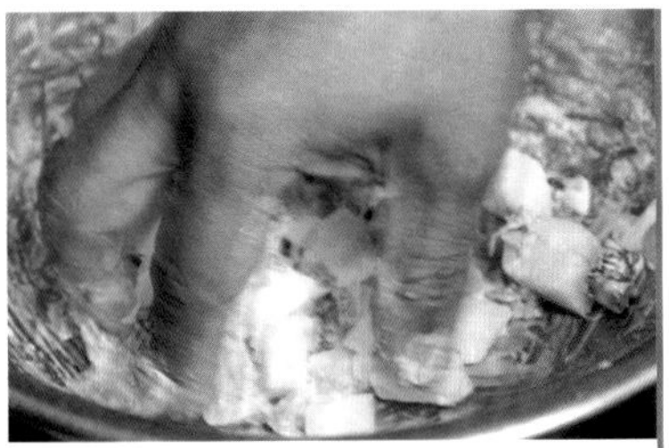

4 均勻混合，讓整體都有沾裹到麵衣。

5 盛放在木勺（或是鐵勺）上。

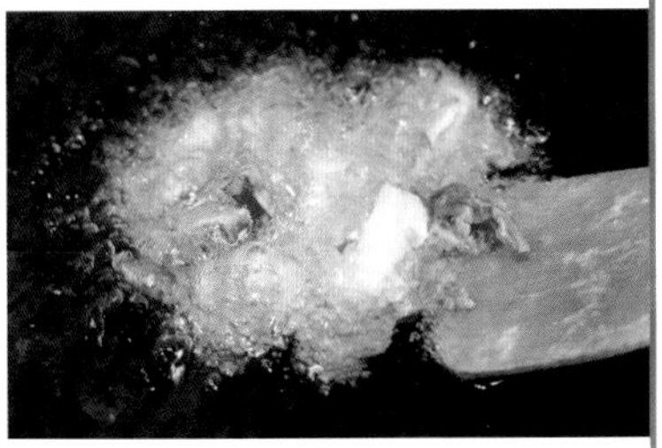

6 宛如放置在油的表面般，輕輕移開木勺。油溫為170℃。

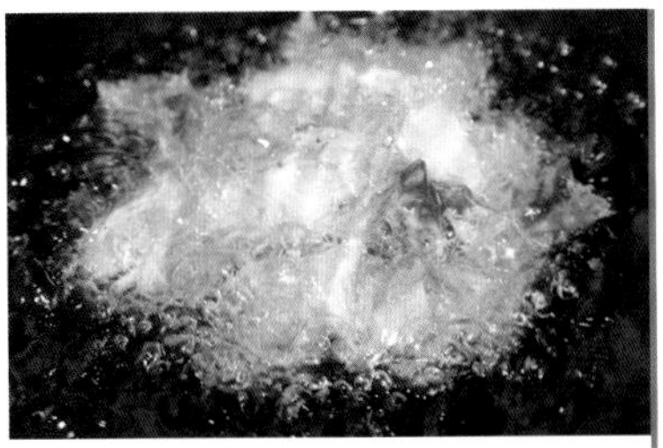

7 按壓至油鍋中，之後便不要再觸碰。

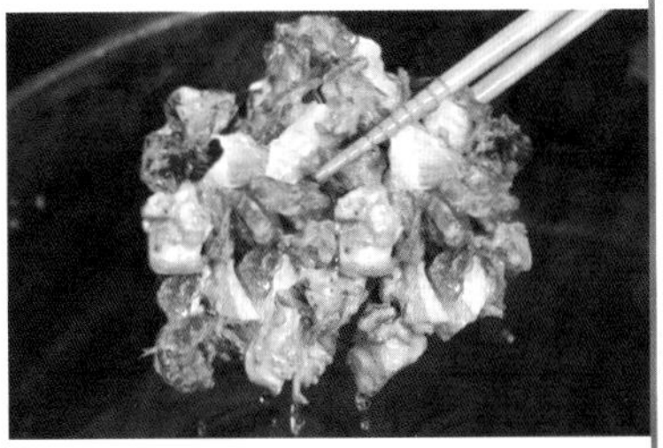

8 只要泡沫變小、聲音提高就可以夾起來了。

美味的14道天婦羅料理

從各式各樣的天婦羅料理中，介紹最受歡迎的14道。

油炸蛋黃葡萄

罕見的巨峰葡萄天婦羅。沾裹上用蛋黃製作的蛋黃麵衣，油炸成鮮豔的金黃色，讓水果感大為減弱。請盡情享受放入口中時的驚豔感動。

天婦羅麵衣的作法請參閱20頁

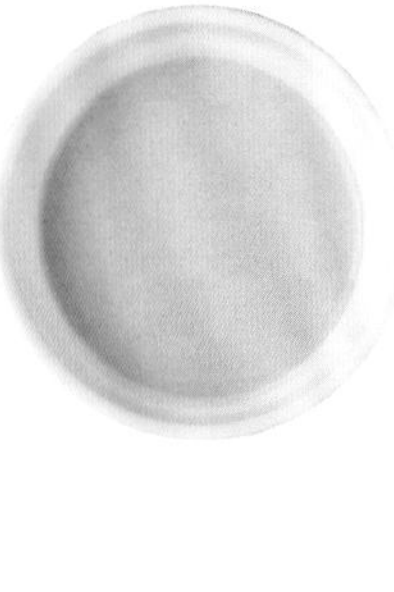

蛋黃麵衣。只用蛋黃製作天婦羅麵衣的蛋水，完成的麵衣顏色便會呈現金黃色，讓人聯想到濃郁的味道而誘發出食慾。

○材料（1人份）

巨峰葡萄……………………6顆
麵粉………………………適量
蛋黃麵衣（比例）
- 麵粉……………………2
- 蛋黃……………………1個
- 水………………………1

酪梨、紅甜椒……………各少許
天婦羅麵衣………………少許
精鹽………………………適量

○作法

1. 巨峰葡萄拭去水氣，薄薄撒上麵粉。
2. 製作蛋黃麵衣。把蛋黃和水混合攪拌，再放入已過篩的麵粉，輕快地混合。
3. 把**1**沾裹上**2**，放進已加熱至170℃的熱油中油炸，炸到呈現出金黃色澤。
4. 盛放到容器內，再擺放用天婦羅麵衣油炸的酪梨和紅甜椒，加一些精鹽就完成了。

完成前置作業的巨峰葡萄。葡萄每2顆刺成一串，然後充分地裹上蛋黃麵衣，再撒上麵粉備用。

油炸蝦末魚肉山芋餅夾心

在魚肉山芋餅中劃出開口夾入蝦仁碎末，做成美味的天婦羅。可盡情品嚐鬆軟的口感，以及魚肉山芋餅與蝦仁的甜味。

把對切成半的魚肉山芋餅劃開，讓劃開處可當作袋子開口，夾入蝦仁碎末。

○材料（2人份）

魚肉山芋餅…………………… 1/2片
蝦仁碎末…………………… 適量
麵粉………………………… 適量
天婦羅麵衣………………… 適量
蓮藕、青辣椒、小茄子
………………………………… 各少許

○作法

1. 把魚肉山芋餅對切成半，其中1邊劃出開口。
2. 在**1**的開口處夾入蝦仁碎末，輕輕撒上麵粉。
3. 製作天婦羅麵衣，沾裹上**2**，放進已加熱至170℃的熱油中油炸，且須避免炸出焦黃色。
4. 對切後盛放到容器內，再擺放用天婦羅麵衣油炸的蓮藕、青辣椒、小茄子，就完成了。

斗笠蓮藕天婦羅

把切成薄圓片的食材對摺，稱為「斗笠（或稱草笠）」。本篇採用蓮藕做成斗笠狀，裡面再夾入蝦仁碎末一起油炸。

○材料

蓮藕…………………………… 適量
蝦仁碎末……………………… 適量
麵粉、天婦羅麵衣………… 適量
油菜…………………………… 適量

○作法

1 把蓮藕切成薄片，夾入蝦仁碎末，對摺成斗笠狀。
2 把炸油加熱到170℃，並把1薄薄沾裹上防黏手麵粉和天婦羅麵衣，然後油炸。
3 盛放到容器內，擺放用天婦羅麵衣油炸的油菜，就完成了。

斗笠蓮藕搭配油菜的組合。

鯡魚卵天婦羅

維持能發出嘎吱嘎吱的口感，用天婦羅麵衣的柔和甜味，帶出鯡魚卵的獨特風味。

○材料

鯡魚卵……………………… 適量
麵粉、天婦羅麵衣……… 適量
嫩芽………………………… 適量

○作法

1 在去除鹽分的鯡魚卵上薄薄撒上防黏手麵粉，再沾裹天婦羅麵衣。
2 把炸油加熱到170℃，再把1放入熱油中油炸，且須避免炸出焦黃色。
3 盛放到容器內，擺放用天婦羅麵衣油炸的嫩芽，就完成了。

油炸蘋果培根捲

挑選味道濃郁的水果做成天婦羅，其酸甜風味和油很契合，能做成相當美味的甜點。本篇用培根捲起來一起油炸，以開胃小菜的姿態呈現。

蘋果的甜味和培根的鹹味相當契合。

○材料

蘋果……………………………… 適量
培根……………………………… 適量
麵粉、天婦羅麵衣…………… 各適量
酸橘……………………………… 適量

○作法

1 把蘋果切成12等分的半月形。
2 用培根把**1**捲起來，再沾裹防黏手麵粉和天婦羅麵衣。
3 把炸油加熱到170℃，再把**2**放入熱油中油炸。
4 盛放到容器內，擺放酸橘就完成了。

大章魚天婦羅

把活的大章魚腳做成天婦羅。甜味增加，用以作為辣口酒的下酒小菜，絕對令人欣喜。

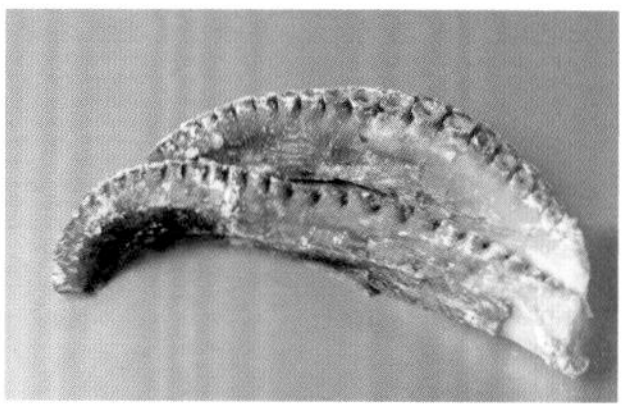

防黏手麵粉太多，會貶損章魚的美味，盡可能薄薄沾裹一層即可。

天婦羅麵衣也薄薄沾裹即可。

拿著前端，宛如讓牠游泳一般，靜靜地放進熱油裡。

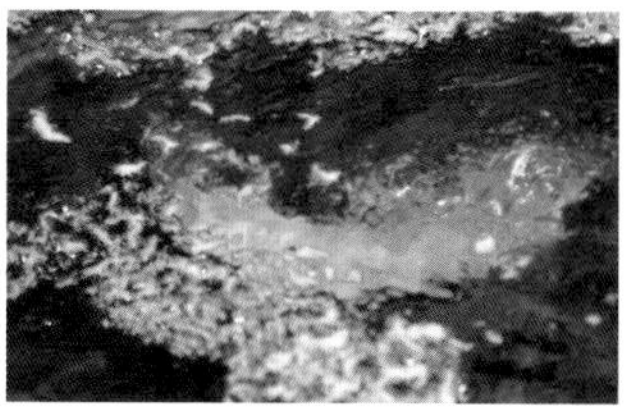

邊炸邊聽油的聲音，只要泡沫變小、聲音提高就可以夾起來了。

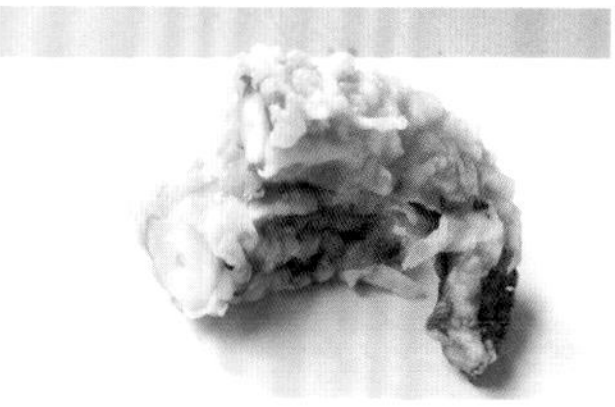

切成容易食用的大小。

○材料

章魚腳……………………… 大的2條
麵粉、天婦羅麵衣………… 各適量
紅甜椒、黃甜椒…………… 各適量
鹽…………………………… 適量

○作法

1. 把章魚腳水洗乾淨，薄薄沾裹防黏手麵粉後，再沾裹天婦羅麵衣。
2. 把炸油加熱到170℃，再把**1**放入熱油中油炸。
3. 切成容易食用的大小，盛放到容器內，擺放紅甜椒和黃甜椒的天婦羅，再加一些個人喜好的鹽就完成了。

落花生天婦羅

落花生是美國原產的豆科植物，營養價值高且有土豆或馬鈴薯的口感，因而備受矚目。以高溫油炸，搭配同樣受人注意的海蘆筍，做出美味組合。

左：海蘆筍；右：落花生

○材料（1人份）

落花生…………………… 3顆
麵粉、水、蛋黃…………… 各適量
海蘆筍…………………… 2根
起司鹽（比例）
- 起司粉…………………… 4
- 鹽………………………… 5
- 甜味調味料……………… 1

○作法

1. 落花生去皮，切成5mm厚的薄片，用水去掉澀味和浮渣。
2. 以麵粉、水、蛋黃製作麵衣，沾裹在已略撒上麵粉的 **1** 上，用加熱到180℃的熱油油炸。
3. 盛放到容器內，搭配用相同麵衣油炸的海蘆筍，再加一些起司鹽就完成了。

※起司鹽，選用混合了烤箱烘烤至酥脆的起司粉、鹽、甜味調味料，再裝進寬口淺缽的成品。

油炸櫻花銀魚

油炸櫻花，使用櫻花瓣的鹽漬物，是能夠感受到香氣的油炸物。作法有很多，本篇是把櫻花切碎後混入麵衣中油炸。

○材料（1人份）

銀魚……………………………… 5尾
鴨兒芹（連著莖）…………… 1根
櫻花的鹽漬物………………… 適量
薄麵衣………………………… 適量
茼蒿、檸檬…………………… 適量
藻鹽…………………………… 適量

○作法

1 銀魚用鹽水清洗，把5尾用鴨兒芹綁在一起。
2 櫻花的鹽漬物去掉鹽分，切碎後混入薄麵衣裡。
3 把炸油加熱到170℃，再把**1**沾裹上**2**，然後放入熱油中油炸。
4 盛放到容器內，擺放直接油炸的茼蒿、檸檬，再放一些藻鹽就完成了。

※藻鹽的作法和海帶芽鹽（參閱P.15）相同。

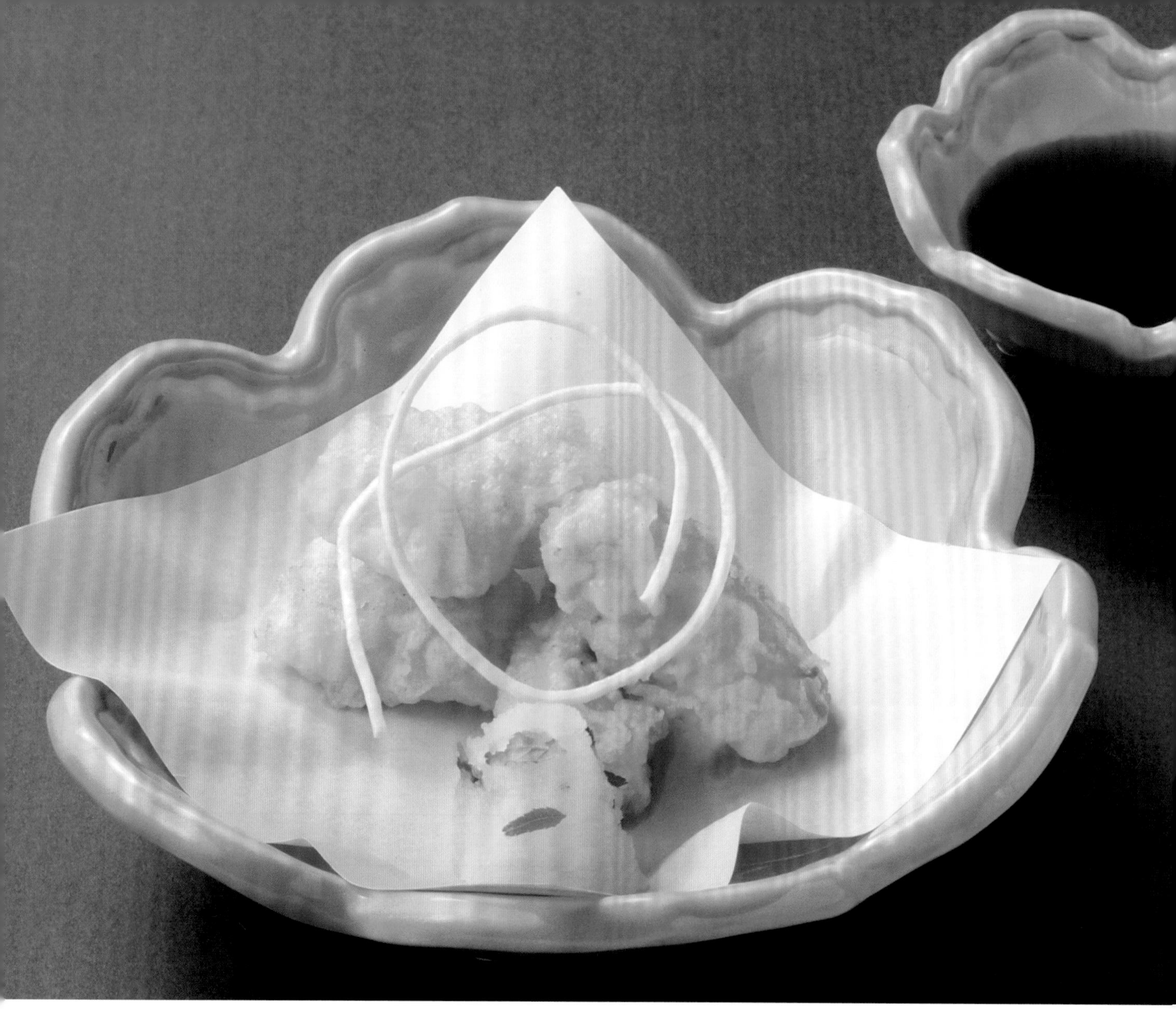

酪梨帆立貝天婦羅

酪梨的濕潤感和濃郁味道，與有天然甘甜味的扇貝搭配。結合清炸的葛粉素麵也頗具樂趣。

葛粉素麵（照片上方）是以高溫清炸。

〇材料（1人份）

酪梨	1/12個
扇貝	1個
麵粉、水、蛋黃	各適量
葛粉素麵	少許
嫩芽	3片
白蘿蔔泥	少許
高湯（比例）	
鰹魚高湯	5
薄鹽醬油	1
味醂	0.8

〇作法

1. 酪梨去皮去籽後切成12等分，使用其中的1片。扇貝對半切開。
2. 用麵粉、水、蛋黃製作麵衣，沾裹在已略撒上麵粉的**1**上，用加熱到180℃的熱油油炸。
3. 盛放到容器內，搭配用180℃清炸的葛粉素麵，再擺放有放入切碎嫩芽的蘿蔔泥和高湯（作醬汁用），就完成了。

柿子佐蛋黃麵衣油炸物

挖空富有柿的果實，用蛋黃麵衣油炸的天婦羅。味甜、多汁的富有柿，做成天婦羅依然水嫩可口，值得品嚐。

把取出果實的柿子作為容器使用。

◯材料

富有柿…………………………… 1個
麵粉、水、蛋黃……………… 各適量
紅甜椒、黃甜椒……………… 適量

◯作法

1. 富有柿橫向對半切開，把內部的果實取出、挖空。
2. 用麵粉、水、蛋黃製作蛋黃麵衣。
3. 在**1**的果實上撒一層薄薄的防黏手麵粉，再沾裹**2**的蛋黃麵衣，用170℃的熱油油炸。
4. 紅甜椒、黃甜椒也用蛋黃麵衣油炸，和**3**一起盛放到柿子容器內。

甘鯛天婦羅

以南瓜麵衣油炸甘鯛，做出帶有天然甜味的天婦羅。南瓜麵衣是以南瓜為主軸做成的天婦羅麵衣。口感溫和，顏色好看。

○**材料**（1人份）

甘鯛…………………………30g
南瓜…………………………適量
麵粉、水、蛋黃……………各適量
水果番茄、萬願寺辣椒、
櫛瓜…………………………各適量
梅鹽（比例）
　細網濾器過篩的乾燥梅…2
　鹽…………………………7
　甜味調味料………………1

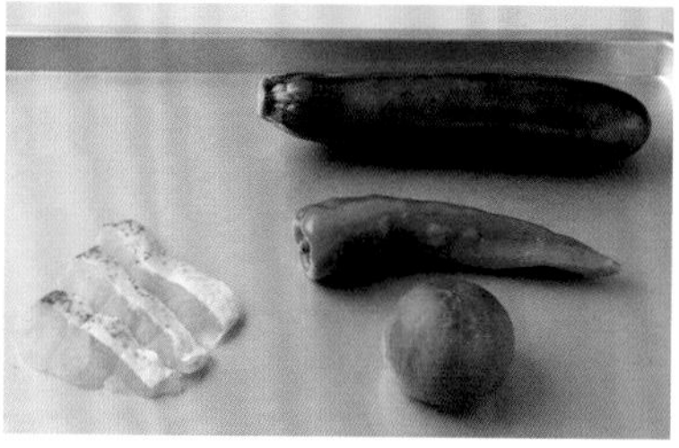

搭配櫛瓜或番茄，口味一絕。

○**作法**

1 甘鯛水洗後切下三片，斜切成1cm寬。

2 南瓜去皮蒸約20分鐘，過篩後做成糊狀，加入麵粉、水、蛋黃，做成麵衣。

3 用麵粉撒在**1**上以預防黏手，再沾裹**2**的麵衣，用加熱到180℃的熱油油炸。

4 水果番茄、萬願寺辣椒、櫛瓜切成容易食用的大小，然後沾裹麵衣，用180℃的熱油油炸。

5 把**3**盛放到容器內，擺上**4**作為搭配，再放一些梅鹽就完成了。

※梅鹽，是將以低溫烤箱烘烤後充分乾燥、過篩的梅干，與鹽和甜味調味料混合製成的調味品。

鮮蝦海鰻天婦羅

由番茄風味的麵衣，將鮮蝦和海鰻做成天婦羅。番茄味道也可以使用果汁。

〇**材料**（1人份）

日本對蝦…………………… 1尾
海鰻………………………… 20g
番茄………………………… 適量
麵粉、水、蛋黃…………… 各適量
南瓜………………………… 1小片
大葉………………………… 1片
小茄子……………………… 1個
楓葉泥……………………… 適量
高湯（比例）
鰹魚高湯…………………… 5
薄鹽醬油…………………… 1
味醂………………………… 0.8

〇**作法**

1 日本對蝦去殼，並把彎曲的腰部伸直。海鰻骨頭切開。
2 番茄用果汁機攪拌成糊狀，再用麻布過濾，然後和水、麵粉、蛋黃混合，做出麵衣。
3 在**1**上沾裹**2**的麵衣，用加熱到180℃的熱油油炸。
4 盛放到容器內，搭配用相同麵衣油炸的南瓜、大葉、小茄子，另外放一些高湯當作醬汁，就完成了。

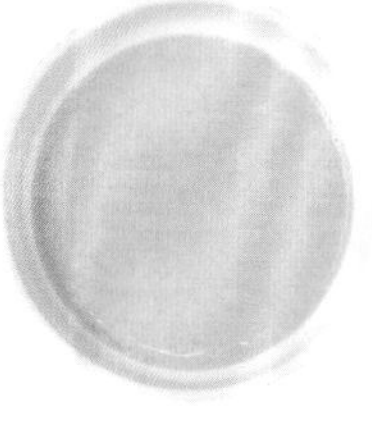

番茄風味的麵衣有淺淺的顏色，能讓外觀也帶有變化。

油炸蓮藕烏賊夾心

用薄片狀的蔬菜夾著動物性食材一起油炸，能品嚐到兩者的契合調性或反差對比。

○**材料**（4人份）

蓮藕（5mm厚）………… 8片
大葉………………………… 4片
烏賊絞肉餡………………… 120g
麵粉………………………… 適量
天婦羅麵衣、
青海苔（綠紫菜）………… 各適量
小茄子……………………… 4個
精鹽………………………… 適量

○**作法**

1 把麵粉撒在汆燙、過火的蓮藕上以預防黏手，再依序疊放大葉、烏賊絞肉餡、蓮藕。

2 製作混入了青海苔（綠紫菜）的天婦羅麵衣，沾裹在**1**上，用加熱到170℃的熱油油炸。

3 把清炸的小茄子也一起盛放到容器內，再放一些精鹽就完成了。

鵝肝天婦羅

把鵝肝用大葉捲起來做成天婦羅，再添上一些松露鹽。用高溫熱油快速油炸是一大重點。

自左上起，分別為鵝肝、白蘿蔔、大葉、細葉芹。靠近手邊的松露，須切碎後和鹽混合，做成松露鹽添加上去。

○**材料**（1人份）

鵝肝……………………………… 30g
大葉……………………………… 1片
白蘿蔔…………………………… 10g
細葉芹…………………………… 少許
蛋黃麵衣………………………… 適量
松露鹽
[松露、鹽、博爾特酒（Bolt Liquor）……………… 各適量

○**作法**

1. 鵝肝對切成半（各15g），用大葉捲起來；白蘿蔔用洗米水汆燙；細葉芹水洗備用。
2. 製作蛋黃麵衣，沾裹在**1**的各食材上，用加熱到180℃的熱油油炸，盛放到容器內，再放一些松露鹽就完成了。

※松露鹽，是使用了以博爾特酒清潔乾淨的松露碎末，再和鹽混合而成的調味品。

其二 炸串、油炸

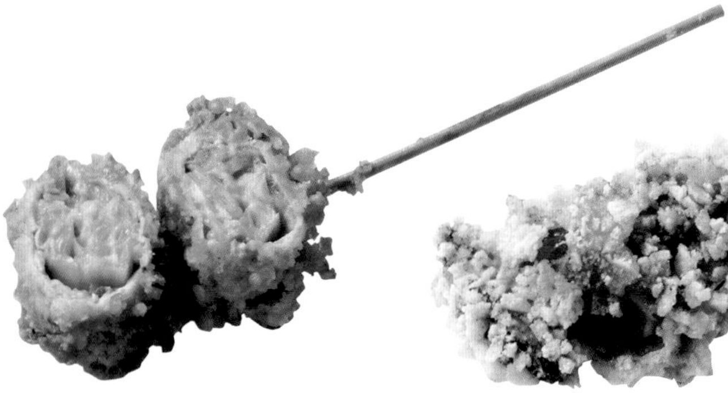

有趣的炸串、油炸，須必備的條件

提到能讓宴會熱絡起來的油炸物，炸串必是首選。趣味的外型、巧妙的素材搭配、香酥脆口的口感等，受歡迎的原因不勝枚舉。

首先，拿在手上食用的樸素形狀能讓心情也跟著輕鬆起來。就連竹籤本身，也為了要容易拿取，或是讓外型看起來漂亮，有許多別出心裁的產品出現，

提升了廚師的心意。

挑選竹籤時，不是只考慮漂亮美觀，基本上，評估是否能容易食用也是很重要的。包括是否具有能承受食材份量的堅韌度、是否是可輕易將食材送入口中的長度、是否有能輕鬆握住的手持位置等。

麵衣部分不是採用天婦羅麵衣，以油炸麵衣（麵粉、蛋液、麵包粉）油炸是大多數人的印象。

麵包粉會因粗細而出現不同口感。須考慮和油炸食材的搭配狀況，評估自己是想炸出輕盈柔和的，還是想炸出酥脆口感等，可先想一想再選擇。

基本油炸方法

油炸麵衣的基本材料為麵粉、蛋液（蛋和牛奶）、麵包粉。先在材料上沾裹薄薄一層麵粉，再裹上蛋液，然後再沾上麵包粉。麵包粉有細研磨、中研磨、粗研磨等種類，越細的炸起來越軟嫩，越粗的炸起來越酥脆。

沾裹油炸麵衣

1 材料調味完成後，撒上麵粉。

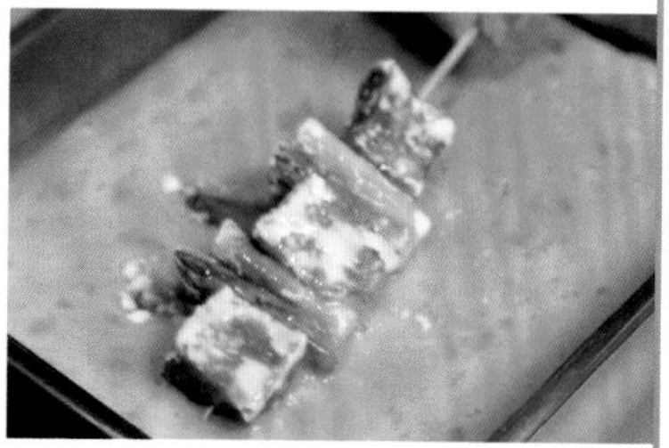

2 以蛋2對牛奶3的比例混合調製蛋液，然後把材料浸在蛋液中。

3 沾裹麵包粉，輕輕敲一下讓多餘的粉掉落。照片使用的是粗研磨的生麵包粉。

麵包粉有細研磨、中研磨、粗研磨等種類。細研磨的炸起來比較軟嫩，粗研磨的炸起來比較酥脆。

油炸

1 靜靜地放入加熱到170℃的熱油中。

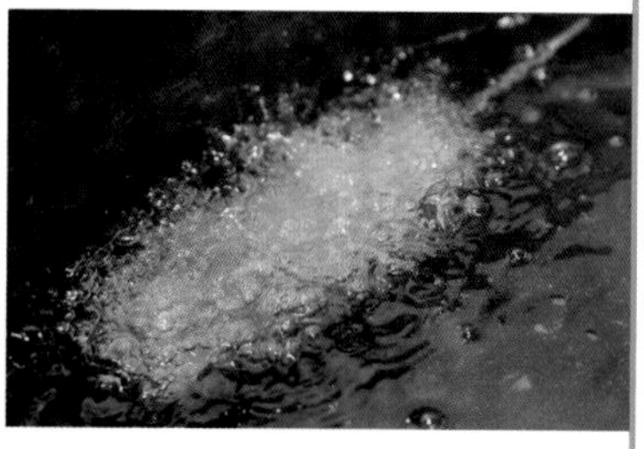

2 剛開始會下沉到鍋底，維持這個狀態不要翻動它。

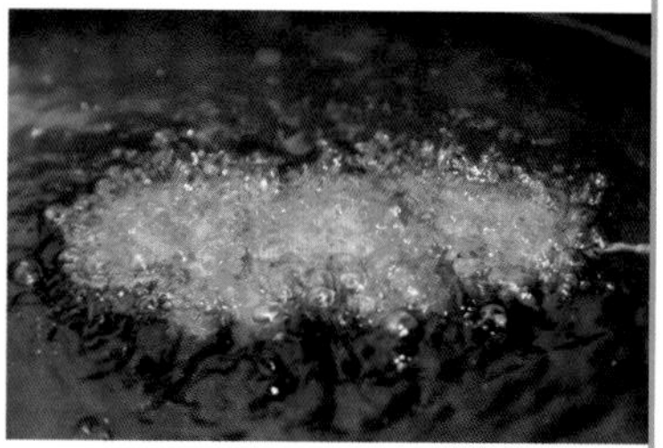

3 水分消失且內部熟透便會浮至表面，翻面觀察油炸情形。

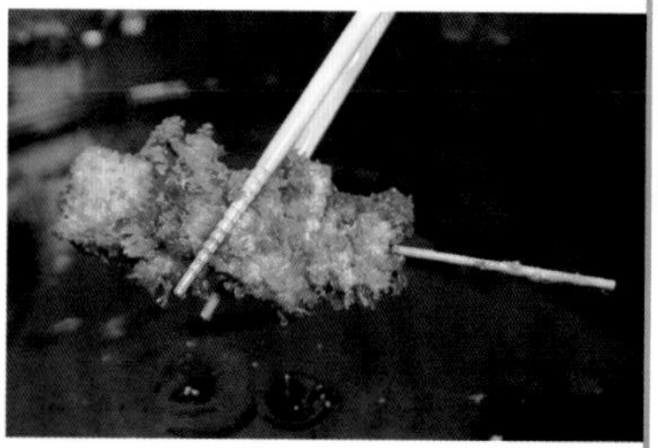

4 只要泡沫變小就可以夾起來了，甩動2～3下，把油分瀝掉。

趣味的12道炸串料理

介紹美味有創意的12道經典炸串料理、用創意麵衣炸出的有趣炸串，以及色香味俱全的油炸單品。

油炸麵衣的作法請參閱44頁

蕪菁炸串

用甘甜味的醬汁把蕪菁煮到軟嫩，再用油炸麵衣油炸的炸串。酥脆口感的麵衣和水嫩多汁的蕪菁呈現出明顯對比，相當好吃。

◯材料（1人份）

- 蕪菁……………………………適量
- 油炸麵衣……………………適量
- 煮汁
  - 鰹魚高湯…………………適量
  - 薄鹽醬油…………………適量
  - 味醂………………………少許
- 嫩葉……………………………適量
- 顆粒芥末醬…………………適量

◯作法

1. 蕪菁用洗米水還原，在燉煮用的醬汁中加入少許的味醂燉煮。
2. 把**1**穿插成串，沾裹油炸麵衣。
3. 把炸油加熱到170℃，放入**2**，油炸至麵衣表面出現酥脆感為止。
4. 盛放到容器內，擺放嫩芽和作為沾醬的顆粒芥末醬就完成了。

蕪菁切成容易食用的大小後燉煮。

茗荷肉捲炸串

用油炸麵衣炸出的茗荷，和天婦羅相比，有完全不同的味道。用生麵包粉炸出的香脆麵衣，和略有獨特風味的茗荷香氣非常契合。

用切成薄片的牛肉捲起茗荷。

○材料（1人份）

茗荷………………………… 1個
牛里肌肉…………………… 1片
鹽、胡椒…………………… 適量
油炸麵粉…………………… 適量
味噌醬汁（容易調製的份量）
- 八丁味噌………………… 300g
- 味醂……………………… 90ml
- 酒………………………… 600ml
- 砂糖……………………… 100g
- 蛋黃……………………… 5個

○作法

1 把茗荷洗乾淨，用牛肉片包起來，串插在竹籤上，撒一點鹽和胡椒，再裹上油炸麵衣。
2 把炸油加熱到170℃，放入**1**，油炸至麵衣表面出現酥脆感為止。
3 盛放到容器內，擺放作為沾醬的味噌醬汁就完成了。

※味噌醬汁，是混合材料後放入鍋裡，攪拌約20分鐘即可。

牛筋白蘿蔔炸串

以有嚼勁的獨特口感而廣受歡迎的牛筋，不只在西日本極受歡迎，也已開始被日本全國使用。可煮出鹹甜口感，再與燉白蘿蔔一起做成炸串。

燉煮成鹹甜口感的牛筋肉和白蘿蔔。

◯材料（1人份）

牛筋肉……………………… 適量
白蘿蔔……………………… 適量
油炸麵衣…………………… 適量
濃醇醬油、水、砂糖……… 各適量
嫩葉………………………… 適量
一味辣椒粉………………… 適量

◯作法

1 牛筋肉燉煮至軟爛，白蘿蔔用洗米水汆燙，再用濃醇醬油、水、砂糖做成煮汁燉煮。
2 待**1**冷卻後，交互穿插在竹籤上，沾裹油炸麵衣。
3 把炸油加熱到170℃，放入**2**，油炸成漂亮的金黃色。
4 盛放到鋪上嫩葉的容器內，撒上一味辣椒粉就完成了。

牡蠣海味炸串 炸山藥捲

炸串一般都是用油炸麵衣，但這一道是用天婦羅麵衣的創意麵衣油炸。同時，還運用南蠻味噌（用味噌醃製青辣椒的醬料）搭配海苔、山藥、牡蠣等味道，做出濃郁口感。

◯材料

生牡蠣……………………… 適量
山藥（銀杏芋）…………… 適量
烤海苔……………………… 適量
麵粉、水…………………… 各適量
南蠻味噌（容易調製的份量）
- 田舍味噌…………………… 50g
- 豆板醬……………………… 1/2小匙
- 砂糖………………………… 3大匙
- 味醂………………………… 30ml
- 酒…………………………… 30ml
- 蛋黃………………………… 1個的量

◯作法

1 生牡蠣先用白蘿蔔泥清洗後，再水洗去掉污垢。
2 山藥去皮，用研磨缽磨成泥，做成山藥泥。
3 在烤海苔上薄薄塗上**2**，把生牡蠣並排後穿插成串，再捲起來。
4 用少量的水溶解麵粉，輕輕地讓**3**浸在當中，再用加熱到180℃的熱油（沙拉油）油炸。
5 盛放到容器內，再放一些南蠻味噌作為沾醬就完成了。

※南蠻味噌，是混合材料後放入鍋裡，用小火攪拌混合而成的醬料。

麵衣薄薄地沾裹一層。

蘋果和牛肉的炸串

以屬性契合的水果和肉類搭配所製作的炸串，與咖啡醬一起食用，會意外地好吃！和肉桂、濃縮咖啡、黑醋等香味組合，也是這道料理的特徵。

牛肉和蘋果是屬性契合的搭配。大小切成幾乎一致的塊狀，再穿插在竹籤上。

○材料（1人份）

蘋果（切成塊狀）……………2切片
牛肉（切成塊狀）……………2切片
肉桂粉、鹽、胡椒……………各適量
油炸麵衣………………………適量
嫩葉……………………………適量
咖啡醬（參照P.142）
［砂糖、濃縮咖啡、昆布高湯、
黑醋…………………………各適量］

○作法

1. 蘋果上撒一些肉桂粉，牛肉撒上鹽和胡椒，再穿插到竹籤上。
2. 把**1**沾裹上油炸麵衣，用170℃的熱油油炸。
3. 和嫩葉一起盛放到容器內，再放一些咖啡醬汁作為沾醬就完成了。

雞肉丸子紀之川帶餡炸串

將山椒粉放進雞絞肉裡做成炸丸子。丸子裡裝有名為紀之川醃漬品的和歌山白蘿蔔醃漬品。食材的特殊搭配和口感的變化，相當有趣味。

○材料（4人份）

雞絞肉……………………… 80g
山藥（銀杏芋）…………… 20g
山椒粉……………………… 適量
蛋白………………………… 1個的量
麵粉、蛋白、白芝麻……… 各適量
紀之川醃漬品（白蘿蔔醃漬品）
…………………………… 30g
山椒鹽（比例）
山椒粉……………………… 1
煎鹽………………………… 8
甜味調味料………………… 1

不使用麵包粉，改撒上白芝麻。竹籤使用粗一點的，能在造型上有所變化。

○作法

1. 把雞絞肉放入研磨缽裡，再放入山藥、蛋白、山椒粉一起研磨混合。
2. 把**1**做成圓球狀，並將切碎的紀之川白蘿蔔醃漬品放進中心處。
3. 把**2**穿插在竹籤上，撒上麵粉，再浸在蛋白裡涮一下，然後沾裹白芝麻。
4. 把炸油加熱到180℃，放入**3**油炸。
5. 盛放到容器內，再放一些山椒鹽在旁邊就完成了。

黑豬肉韭黃捲杏仁炸串

外層脆口、有顆粒感的杏仁粒麵衣中，包裹著水嫩多汁的黑豬肉，裡面還藏著韭黃的迷人香氣。

在捲有韭黃的豬肉上撒一些杏仁碎末，然後油炸。切成一口的大小裝盤會很容易食用。

◯材料（4人份）

黑豬肉（五花肉）………… 50g
韭黃……………………………… 50g
麵粉、鹽、胡椒……………… 各適量
蛋白……………………………… 1個
杏仁碎末……………………… 適量

◯作法

1 把五花肉的黑豬肉切成薄片，再把韭黃當成芯捲在裡面，穿插在竹籤上。
2 用麵粉撒在**1**上以預防黏手，再浸到打散的蛋白裡涮一下，沾裹杏仁碎末。
3 把炸油加熱到180℃，放入**2**，油炸出漂亮的金黃色。
4 盛放到容器內，再放上個人喜好的醬汁就完成了。

油炸雪蟹

把在關西稱作松葉蟹、越前蟹等具有甘甜美味的雪蟹腳加以油炸。炸得酥酥脆脆的蟹殼也非常好吃。

麵衣不容易沾裹上去，只薄薄沾一層也可以。

油炸起司內餡的番茄

圓圓的油炸球裡包著番茄，切開後，則有香濃的卡門貝爾起司流出。和油炸麵衣的口感對比極佳，番茄的酸味和起司的契合度也十分出色。

把番茄對切成半，只在切面（上面）上沾裹油炸麵衣油炸也可以。

◯材料（1人份）

番茄……………………………1個
卡門貝爾起司……………適量
油炸麵衣………………………適量

◯作法

1 番茄橫向對切成半，把果肉挖空，塞入卡門貝爾起司後擺回原本的圓形。

2 整個番茄都沾裹油炸麵衣，再用加熱到180℃的熱油油炸。

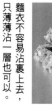

○材料

雪蟹的蟹腳…………………… 適量
油炸麵衣……………………… 適量

○作法

1 在雪蟹的蟹腳上沾裹油炸麵衣。
2 把炸油加熱到170℃，放入1油炸，期間一度夾起來，把油再加熱到180℃的高溫後，將雪蟹放回鍋裡油炸到出現漂亮的色澤為止。
3 盛放到容器內，再放上個人喜好的醬汁就完成了。

油炸松茸夾心

有些人認為松茸是油炸品中最頂級的美味，是具季節性的一道佳餚。在松茸中夾入鮮蝦碎泥，炸出酥脆風味。

○材料（1人份）

松茸………………………… 1/2個
鮮蝦碎泥…………………… 適量
油炸麵衣…………………… 適量
秋葵………………………… 2根
酸橘………………………… 適量

○作法

1 把松茸菌根部較硬的部位切掉，縱向切成4等分，以2片為1組，在中間夾入鮮蝦碎泥。
2 在1上沾裹油炸麵衣，用加熱到170℃的熱油油炸。
3 切成容易食用的大小，盛放到容器內，再放上清炸好的秋葵和酸橘就完成了。

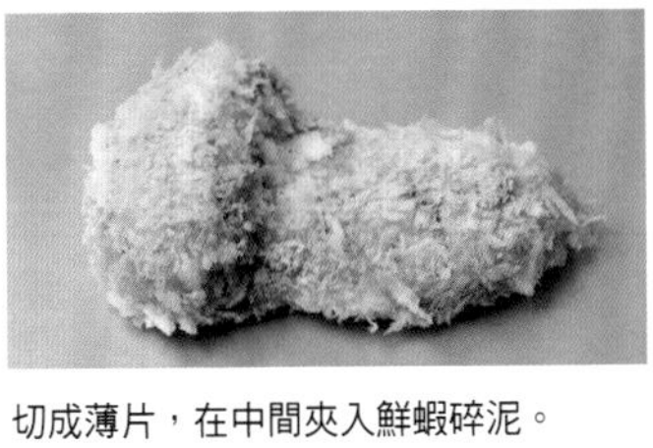

切成薄片，在中間夾入鮮蝦碎泥。

蘆筍起司炸串

油炸品裡面包有溶解且濃郁的起司，是令人垂涎的愉悅滋味。這道炸串料理，是用蘆筍和雞胸肉捲成的。

○材料（1人份）

雞胸肉	1片
鹽、胡椒	各適量
卡門貝爾起司	適量
蘆筍	1根
油炸麵衣	適量
檸檬醬汁（比例）	
美乃滋	3
檸檬汁	1
醬油	0.5
蜂蜜	1
牛奶	1
大蒜（蒜泥）	1小匙

○作法

1. 把雞胸肉從中間劃開，切成左右對開的樣子，再撒上鹽、胡椒，擺放起司，然後把汆燙過的蘆筍做成芯捲在裡面。
2. 把**1**切成1cm長，再穿插在竹籤上，沾裹油炸麵衣，用170℃的熱油油炸至酥脆。
3. 盛放到容器內，再放一些檸檬醬汁作為沾醬就完成了。

※檸檬醬汁是混合材料後調製而成的醬料。

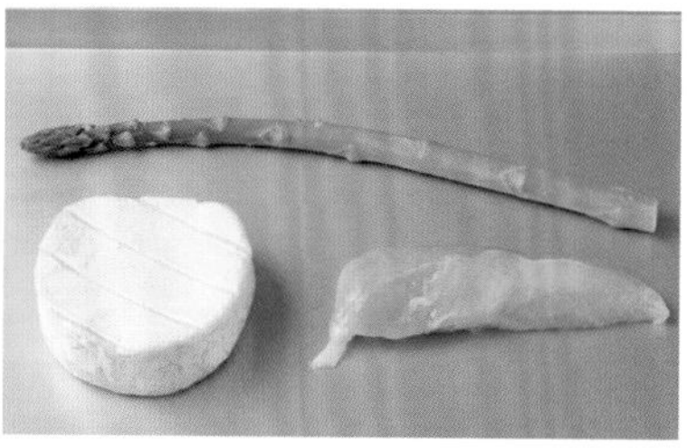

適合色澤淺白的雞胸肉的組合。

油炸玉米片鮭魚酪梨捲

把煙燻鮭魚捲起的酪梨做成炸串，麵衣以玉米片製作。展現出乾燥口感和濕潤口感的絕妙調和。

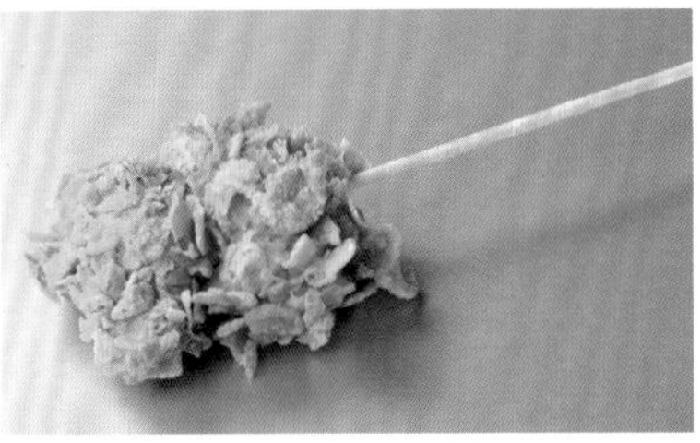

把玉米片做成麵衣油炸。

○材料（4人份）

鮭魚（薄片）………………… 3片
酪梨………………………… 1個
雞蛋………………………… 1個
麵粉………………………… 適量
玉米片……………………… 適量
起司鹽（比例）
　帕瑪森起司………………… 1
　炒鹽………………………… 10

○作法

1 酪梨去皮，切成容易入口的大小，再用煙燻鮭魚捲起來穿插在竹籤上。
2 在**1**上撒一些麵粉，再浸到打散的蛋液裡，然後沾裹玉米片。
3 把炸油加熱到180℃，放入**2**，油炸到出現棕色的微焦色。
4 盛放到容器內，再放一些起司鹽就完成了。

※起司鹽，是在炒鹽中添加10％的帕瑪森起司調製而成的調味品。

基本的油炸物
其三 立田炸

由基底調味決定口感的立田炸

立田炸，是一種把材料先在基底調味料中醃漬入味後，再下鍋油炸的技法。油炸物整體都已醃漬入味，咬下瞬間所感覺到的美味，正是立田炸的魅力。代表性的食材包括雞肉、白肉魚、鯖魚及青背魚類等等，蔬菜的立田炸也十分美味。

基本油炸方法

立田炸會先把材料放入基底調味料中醃漬入味後，撒上太白粉（馬鈴薯澱粉）再下鍋油炸。基底調味料通常是以醬油味道為基本，再以味噌或辛香料增添變化，使用西式風味的調味料搭配也很容易出現變化。

醃漬食材與沾裹麵衣

1 把雞肉浸漬在醬油基底的調味醬汁中30分鐘以上，讓雞肉充分入味。

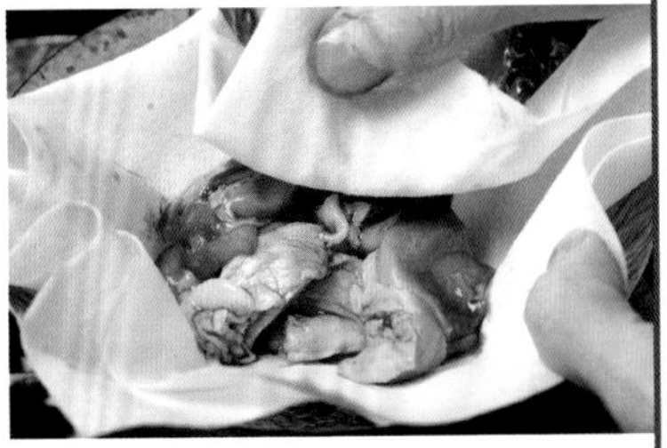

2 用專用紙巾把水分拭去。調味醬汁殘留太多容易讓粉沾得太厚。

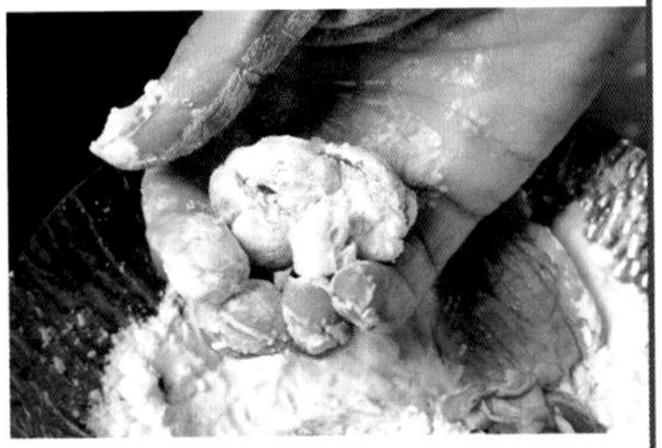

3 撒上太白粉，用手輕輕捏一下以調整形狀。

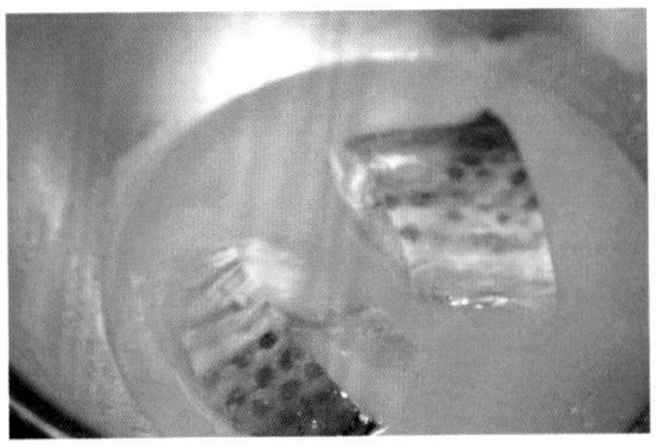

以魚為立田炸的食材時，通常不使用醬油基底的調味料，大多以味噌基底的調味醬汁醃製。

油炸

1 靜靜地放到加熱到170℃的熱油中。

2 剛開始會立刻下沉到鍋底，但只要內部熟透，泡沫就會變小且聲音變高。

3 用筷子夾住時麵衣酥脆輕盈。在油上方甩動2～3下，把油分瀝掉，再放到烤盤上。

美味的11道立田炸料理

介紹在基本醬油基底中另外以味噌或辛香料增添豐富變化的11道立田炸料理。

醃製食材及沾裹麵衣的作法請參57頁

雞肉立田炸

立田炸中人氣No.1的料理。無論是哪個年代皆廣泛地受到喜愛。醬油基底是最常見的作法，不過，以增添辛香料或香味蔬菜展現個性也非常棒。

○**材料**（1人份）

雞腿肉……………………………適量
醃漬調味醬汁
　薄鹽醬油……………………80ml
　酒………………………………15ml
　大蒜（磨成泥）………………1小匙
　生薑（磨成泥）………………1小匙
　蛋………………………………3個
　鹽、胡椒……………………各適量
太白粉、天婦羅麵衣…………各適量
香菇、扁身豌豆、酸橘………各適量

○**作法**

1 把醃漬醬汁的材料混合後，把雞肉切成容易食用的大小並放進醃漬醬汁裡，醃漬30分鐘以上讓食材入味。
2 用專用紙巾把**1**的水分拭去，撒上太白粉，輕輕捏一下調整形狀。
3 把炸油加熱到170℃，放入**2**，油炸到出現棕色的微焦色。份量較多時可一度夾起，隔一會兒再放回去二次油炸。
4 盛放到容器內，並擺放傘面內側沾裹太白粉油炸後的香菇、清炸的扁身豌豆，以及酸橘，就完成了。

章魚立田炸

以添加了大蒜、生薑、辣椒的醬油基底作為醃漬醬汁醃漬章魚，做成美味的章魚立田炸。香味頗有民族特色，以天婦羅沾醬汁和白蘿蔔泥搭配的清爽感，令人回味無窮。

○材料（4人份）

章魚…………………………適量
醃漬調味醬汁
- 酒…………………………10ml
- 濃醇醬油…………………5ml
- 七味辣椒粉………………1g
- 大蒜（磨成泥）…………2g
- 生薑（磨成泥）…………2g
- 蛋黃………………………1/2個的量

太白粉………………………適量
蕈菇…………………………2根
麵粉、水、梅肉……………各適量
白蘿蔔泥……………………適量
天婦羅沾醬汁（比例）
- 鰹魚高湯…………………5
- 薄鹽醬油…………………1
- 味醂………………………1

○作法

1. 章魚用糙米揉捏、水洗，去掉污垢，切成一口的大小。
2. 混合醃漬醬汁的材料，放入**1**，醃漬30分鐘以上讓章魚充分入味。
3. 把**2**的水分拭去，撒上太白粉，用加熱到180℃的熱油油炸到出現微焦色。
4. 在用水溶解的麵粉中放入少量的梅肉來製作麵衣，沾裹在蕈菇上油炸，和**3**搭配盛盤，再放一些白蘿蔔泥和天婦羅沾醬汁就完成了。

切成一口大小的章魚浸漬在醃漬醬汁裡。

○**材料**（1人份）

雞肝……………………… 30g
鹽、牛奶……………… 各少許
醃漬調味醬汁
薄鹽醬油…………… 25ml
酒………………………… 5ml
生薑（磨成泥）…… 1/2小匙
胡麻油……………… 少許
太白粉………………… 適量
筊白筍………………… 1/6根
檸檬…………………… 適量

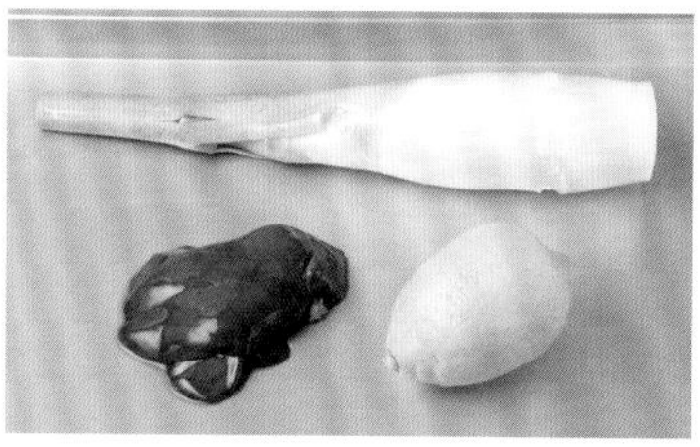

搭配軟嫩清爽的筊白筍（照片上方）食用。

○**作法**

1 雞肝先把血清洗乾淨並切除脂肪，用鹽輕輕揉捏、水洗，把污垢清除後，浸泡在牛奶裡約30分鐘。
2 混合醃漬醬汁的材料，放入**1**，醃漬約20分鐘讓食材充分入味。
3 拭去**2**的水分，撒上太白粉，用加熱到170℃的熱油油炸。
4 盛放到容器內，搭配清炸的筊白筍，再放一些檸檬就完成了。

雞肝立田炸

用醃漬醬汁的麻油掩蓋雞肝帶有的腥味，以加熱醬油的香氣誘發出獨特的香味。添上清晰的檸檬酸味一起食用，風味更佳。

鮪魚立田炸

用加了大蒜和胡麻油的醬油基底調製出醃製醬汁醃漬鮪魚，做成酥脆口感的立田炸。和略帶苦味的紅菊苣搭配，調製出新鮮美味的一盤。

◯材料（1人份）

鮪魚…………………………30g
醃漬調味醬汁
- 薄鹽醬油………………25ml
- 酒………………………5ml
- 全蛋……………………1個
- 生薑（磨成泥）………少許
- 大蒜（磨成泥）………1/2小匙
- 胡麻油…………………少許

太白粉……………………適量
紅菊苣……………………1片
橙柚………………………1/6

紅菊苣Chicory（照片上方）。其淡淡的苦味相當受到喜愛。

◯作法

1 混合醃漬醬汁的材料，放入切半（15g）的鮪魚，醃漬約30分鐘讓食材入味。
2 在**1**的上方撒上太白粉，用加熱到170℃的熱油油炸。
3 在容器上鋪放紅菊苣，把**2**擺放在中間，再放一些橙柚就完成了。

油炸烏賊花林糖 佐肝醬油

油炸花林糖是和歌山的鄉土料理。它和「花林糖（かりんとう）」這個油炸糖點心的外型相似而得此名，然而，把烏賊醃漬入味再油炸的烹調方式則是立田炸的技法。

○**材料**（4人份）

紋甲烏賊…………………… 50g
醃漬調味醬汁（比例）
- 濃醇醤油…………………… 1
- 味醂………………………… 1
- 砂糖………………………… 0.1

太白粉………………………… 適量
嫩葉…………………………… 5片
麵粉…………………………… 適量
肝醬油
- 濃醇醤油…………………… 30ml
- 鰹魚高湯…………………… 50ml
- 味醂………………………… 15ml
- 去除了酒精成分的酒…… 15ml
- 黏稠狀的烏賊的肝……… 60g

○**作法**

1. 將烏賊的外皮剝除後水洗，在表面劃出幾道格子切紋。
2. 混合醃漬醬汁的材料，放入**1**，醃漬約30分鐘讓食材入味。
3. 拭去**2**的水分，撒上太白粉，用加熱到180℃的熱油油炸。
4. 盛放到容器內，擺放沾裹麵粉液後油炸的嫩芽，再放一些肝醬油就完成了。

※肝醬油，是將蒸熟的烏賊的肝做成黏稠狀，再和鰹魚高湯、味醂、去除了酒精成分的酒和醬油混合調製而成的醬料。

在烏賊上劃幾刀，能讓醃漬醬汁更容易深入食材內部，充分入味。

油炸味噌醃漬蝦

將日本對蝦用竹籤從尾巴串至頭部再油炸，是一種具震撼力的立田炸。食材的醃漬風味採用白味噌和西京味噌的味噌基底。徹底醃漬約1小時，讓食材充分入味。

○材料（4人份）

日本對蝦……………………… 5尾
醃漬調味醬汁（調和味噌）
- 白味噌……………………… 50g
- 西京味噌…………………… 100g
- 酒…………………………… 50ml
- 味醂………………………… 10ml
- 濃醇醬油…………………… 5ml

太白粉………………………… 適量
山藥、海苔、大葉………… 各適量
麵粉、水……………………… 各適量

○作法

1. 日本對蝦用水徹底洗淨，拭去水分，用竹籤從尾巴串至頭部。
2. 把**1**用紗布包裹起來，浸漬在調和味噌中約1小時，讓食材充分入味。
3. 解開**2**的紗布，徹底拭去味噌。
4. 用刷毛在**3**的上方抹上太白粉，以串著竹籤的狀態直接放入加熱到180℃的熱油中油炸。
5. 拔出竹籤，盛放到容器內，再用水溶解的麵粉油炸海苔捲山藥和大葉擺放在旁，就完成了。

把新鮮的日本對蝦調整姿勢做成立田炸。

鰆魚立田炸

把醃漬醬汁的基底做成味噌幽庵燒的立田炸。柚子和味噌的香味襯托出鰆魚帶有甜味，口感非常清爽宜人。搭配作為山菜使用的虎耳草也別有一番滋味。

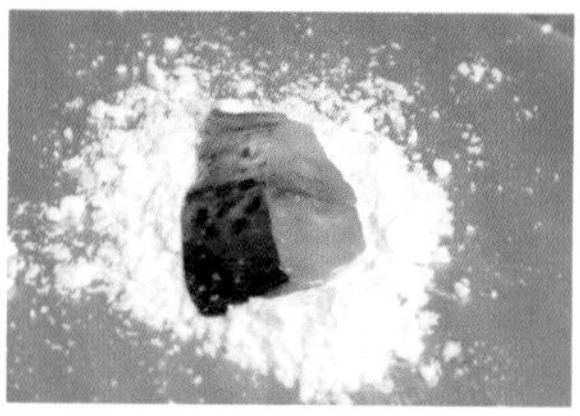

拭去了水分之後，整體食材皆撒上太白粉。

把多餘的粉弄掉後，放入油炸。

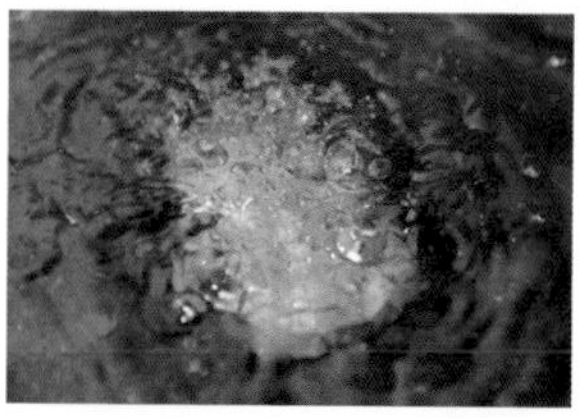

沉到鍋底的期間不要翻動它。

只要泡沫變小且聲音變高就可以夾起來了。

（※譯註：三片刀法是一種處理魚的刀法。切完之後有魚的左右兩片肉，中間一片骨頭，總共三片。）

虎耳草（照片右方）使用柔軟的嫩葉。

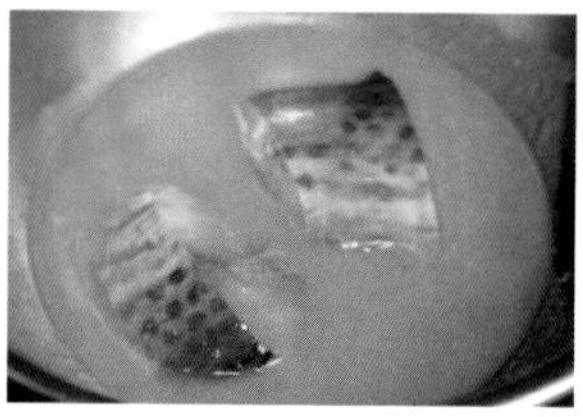

醃漬醬汁使用有柚子風味的味噌基底。

〇材料（1人份）

鰆魚（亦稱土魠魚、馬鮫魚）……30g
鹽……少許
醃漬調味醬汁（味噌幽庵燒）
- 味噌……220g
- 酒……120ml
- 水……120ml
- 濃醇醬油……60ml
- 味醂……60ml
- 柚子（切成圓片）……適量

太白粉……適量
虎耳草……1片
天婦羅麵衣……適量

〇作法

1. 鰆魚水洗後以三片刀法※剖開，去掉魚骨再抹上薄薄一層鹽，切成一半（15g）。
2. 混合醃漬醬汁的材料，放入**1**，醃漬約30分鐘讓食材入味。
3. 拭去水分，撒上太白粉，用加熱到170℃的熱油油炸。
4. 盛放到容器內，擺放用天婦羅麵衣油炸的虎耳草，就完成了。

蝦芋立田炸

以清淡口味燒煮蝦芋以取代食材醃漬，把與名稱有關的蝦殼磨成粉末，是香氣絕佳的一道料理。

○材料（1人份）

蝦芋…………………………… 1個
煮汁（比例）
高湯…………………………… 14
薄鹽醬油……………………… 1
味醂…………………………… 0.8
蝦殼…………………………… 5尾的量
青海苔（綠紫菜）………… 少許
太白粉………………………… 適量
河蝦…………………………… 1尾

紋理細緻又多水濕潤的蝦芋（照片右方）和油非常契合。

○作法

1 蝦芋去皮後用鹽搓揉，再用洗米水煮軟，然後浸在水中，去掉澀氣。把煮汁的材料放入鍋中混合、燒煮。
2 蝦殼以小火徹底燒煮後，用研磨缽磨成粉末狀。
3 在**1**上撒上**2**、青海苔（綠紫菜）、太白粉，用加熱到170℃的熱油油炸。
4 盛放到容器內，搭配撒上太白粉後油炸的河蝦，就完成了。

鮪魚臉頰肉立田炸

使用粗小麥粉（高筋麵粉的一種）取代太白粉，炸出完整的口感，是添加了濃稠酪梨醬汁的嶄新立田炸料理。

○材料（1人份）

鮪魚的頰肉…………………… 30g
醃漬調味醬汁
薄鹽醬油……………………… 10ml
味醂…………………………… 10ml
酒……………………………… 20ml
水……………………………… 20ml
丁香…………………………… 1個
杜松實（杜松的果實）… 1個
粗小麥粉……………………… 少許
番茄乾………………………… 1個
薄麵衣………………………… 適量
酪梨浸漬醬汁
酪梨（完熟）……………… 1個
洋蔥…………………………… 1/4個
酸橘果汁……………………… 適量
鹽、胡椒……………………… 各少許

鮪魚的頰肉、酪梨、番茄乾的組合。

○作法

1 鮪魚的頰肉洗淨後，切成1片15g的切片，醃漬在醃漬醬汁裡約30分鐘讓食材充分入味。
2 在**1**上撒上粗小麥粉，用加熱到170℃的熱油油炸。
3 番茄乾浸在溫水中約1小時泡軟，然後拭去水分沾裹薄薄的天婦羅麵衣油炸。
4 把**2**和**3**盛放到容器內，搭配一些酪梨浸漬醬汁，就完成了。

※酪梨浸漬醬汁，是用果汁機搾出酸橘果汁，再加入搗碎的酪梨與切成碎末並揉捏過的洋蔥，然後以鹽和胡椒調味而成的醬汁。

鮑魚立田炸

在醃漬入味的鮑魚上撒一些太白粉做成立田炸。醃漬食材的時間約15分鐘前後，讓食材柔軟上桌。

○材料（4人份）

鮑魚……………………………1個（約100g）
醃漬調味醬汁
　濃醇醬油………………………10ml
　味醂……………………………5ml
　酒………………………………5ml
　七味辣椒粉……………………2g
太白粉…………………………適量
茄子、蘆筍、酸橘………各適量

鮑魚去掉外殼，切成容易食用的大小。

○作法

1 把鮑魚的污垢洗淨，去掉外殼切成塊狀。
2 混合醃漬醬汁的材料，放入1，醃漬約15分鐘讓食材入味。
3 拭去2的水分，撒上太白粉。
4 把炸油加熱到180℃，放入3油炸。
5 盛放到容器內，搭配用水溶解的麵粉所油炸的茄子、蘆筍，再擺放酸橘就完成了。

河豚立田炸

混合山椒、大蒜、生薑、蛋黃等做出濃醇的醃漬風味，為甜味濃郁但本身味道很清淡的河豚，添加充足香味的油炸料理。

○材料（1人份）

河豚	100g
醃漬調味醬汁	
濃醇醬油	10ml
山椒粉	適量
一味辣椒粉	適量
蛋黃	1個
大蒜（磨成泥）	5g
生薑（磨成泥）	5g
太白粉、天婦羅粉	各適量
青辣椒、蓮藕	各適量
青蔥（切成細末）、楓葉泥	各適量
天婦羅沾醬汁（比例）	
鰹魚高湯	5
味醂	1
濃醇醬油	0.5
薄鹽醬油	0.5

○作法

1 河豚切成1片20g的狀態。
2 混合醃漬醬汁的材料，放入**1**，醃漬約30分鐘讓食材入味。
3 拭去**2**的水分，撒上太白粉，放進180℃的炸油中，徹底油炸約7分鐘。
4 把青辣椒、蓮藕天婦羅、青蔥、楓葉泥一同盛放到容器內，再擺放天婦羅沾醬汁就完成了。

河豚切成塊狀後醃漬入味。

其四 唐揚炸

酥脆的油炸口感是其吸引人之處

唐揚炸成為下酒小菜而極受歡迎的原因，大概是因為其乾燥酥脆的口感，能讓啤酒等酒類倍感美味吧。不需事先醃漬食材，撒上粉類或沾裹上麵衣後直接油炸的調理方法雖然看似相當簡單，但粉類或麵衣的份量、讓水分蒸散的方法等，反而有一定的困難度。請掌握重點與訣竅，炸出口感美味的唐揚炸吧！

基本油炸方法

撒上太白粉再炸，這一點和立田炸相同，但唐揚炸不需要事先醃漬食材。也有些人會把唐揚炸寫成空揚炸。製作法有：以太白粉為基本、使用麵粉的方法、混合兩者的方法、使用有調製味道的麵衣等，油炸法的範圍極廣。

油炸

唐揚炸可使用的材料範圍廣泛，包括海鮮魚類、肉類、蔬菜等。照片為薄薄抹上一層鹽的比目魚。

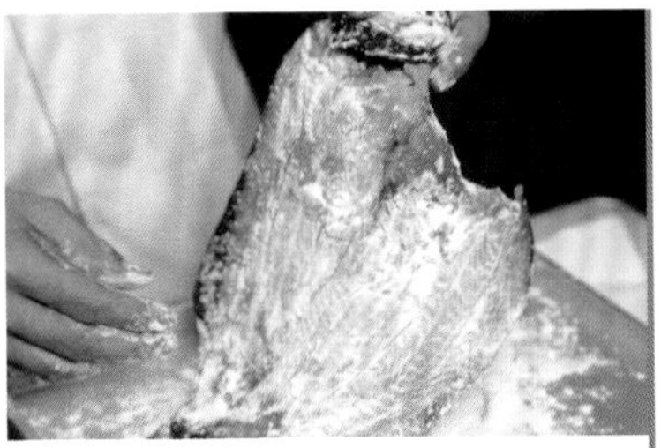

1 撒上太白粉，弄掉多餘的粉。

2 拿著尾巴，靜靜地放入加熱到170℃的熱油中油炸。只要二度油炸，便能增添一層酥脆感。

使用有調製味道的麵衣的方法

除了撒上太白粉或麵粉的方法外，也有使用類似天婦羅麵衣般的液狀麵衣的方法。若是這個方法，香料或藥草（草本植物）也能輕易地摻進去，能創造出介於立田炸和唐揚炸之間的嶄新的唐揚炸。

使用專用的唐揚炸粉（市售品）
「牛肉唐揚炸　胡椒風味」
（作法請參閱74頁）。

最適合當下酒小菜的
7道唐揚炸料理

以海鮮魚類的唐揚炸為中心，介紹7道唐揚炸料理。

麵衣的作法請參閱69頁

軟殼唐揚炸

連外殼都能食用的梭子蟹，是極受歡迎的軟殼唐揚炸。能愉快地享用殼的口感。

○材料

軟殼……………………… 適量
太白粉…………………… 適量
酸橘……………………… 適量

○作法

1. 軟殼水洗乾淨後，撒上太白粉。
2. 把炸油加熱到170℃，放入**1**油炸。
3. 期間一度夾起來，把油再加熱到180℃的高溫後，將軟殼放回鍋裡油炸到出現漂亮的色澤為止。

因為是老舊的殼脫皮後沒多久，所以殼仍相當柔軟。

比目魚姿態唐揚炸

把一整隻比目魚薄薄抹上一層鹽，做成唐揚炸。外型姿態相當豪放，但味道卻非常柔軟且香味四溢。

○材料

比目魚（薄薄抹上一層鹽且對稱切開）……………… 1尾
太白粉…………………… 適量
四季豆、小番茄………… 各適量
楓葉泥、青蔥…………… 各適量
天婦羅沾醬汁…………… 適量

○作法

1. 比目魚撒上太白粉，把充足的炸油加熱到170℃，放入比目魚徹底油炸。
2. 最後，把油再加熱到180℃的高溫，將表面油炸到出現漂亮的色澤為止。
3. 盛放到容器內，搭配用天婦羅麵衣油炸的四季豆、用竹籤串起油炸的小番茄，再擺放天婦羅沾醬汁、楓葉泥和切成細末的青蔥，就完成了。

岩牡蠣唐揚炸

在煮沸的岩牡蠣上沾裹高筋麵粉油炸，還可以撒一些山椒鹽，味道更佳。這道料理原本是北京料理，只用高筋麵粉就炸出了香脆的口感，是其一大特徵。

○材料（4人份）

生牡蠣……………………… 5粒
高筋麵粉…………………… 適量
山椒鹽
 鹽………………………… 10g
 山椒粉…………………… 2g
長蔥、嫩葉、柑橘、萵苣、
白蘿蔔、胡蘿蔔、紅甜椒、
青椒………………………… 各適量

○作法

1. 將牡蠣放到煮沸的熱水中，約煮1分半鐘。
2. 徹底拭去**1**的水分，撒上高筋麵粉，用加熱到180～190℃等高溫的熱油油炸約1分半鐘。
3. 撒上山椒鹽，再放上蔬菜就完成了。

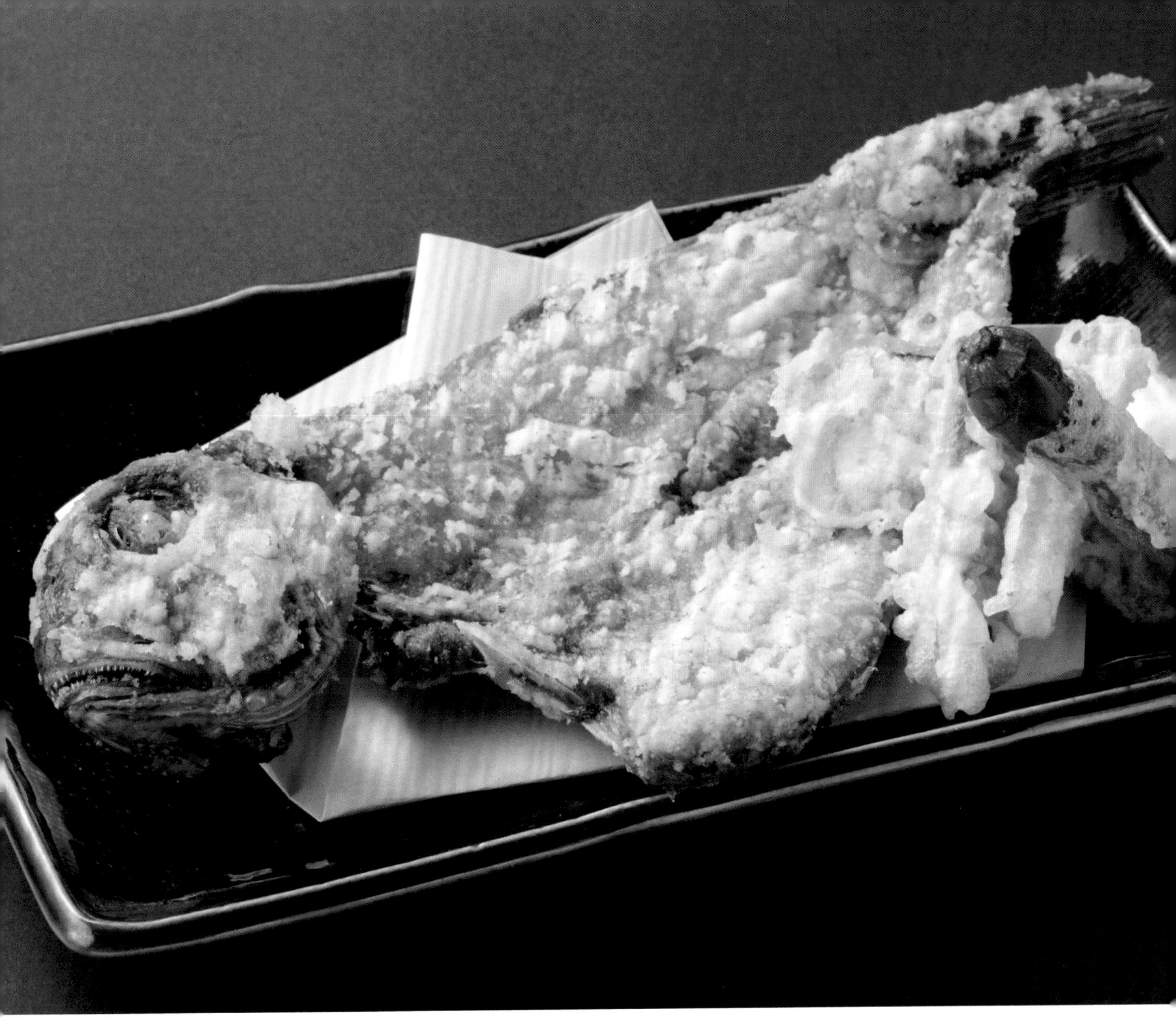

甘鯛魚一夜干的唐揚炸

把一夜干做成油炸物的優點，在於水分已經去掉，所以輕輕油炸一下，連頭部都能食用。另外，生魚原本沒有的味道，因此適當的鹽味也很受到喜愛。

◯材料

甘鯛魚（薄薄抹上一層鹽且對稱切開）………………… 1尾
太白粉……………………… 適量
青辣椒、南瓜、紅甜椒、黃甜椒…………………… 各適量

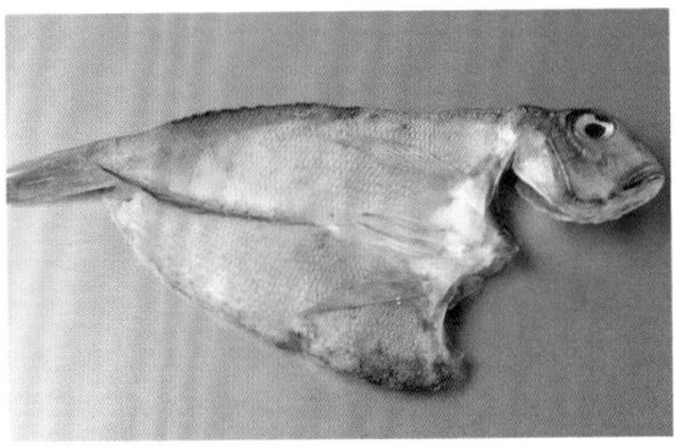

也稱作方頭魚，是一種帶有甜味的魚。

◯作法

1 甘鯛魚撒上太白粉，把充足的炸油加熱到170℃，放入甘鯛魚徹底油炸。
2 最後，把油再加熱到180℃的高溫，將表面油炸到出現漂亮的色澤為止。
3 盛放到容器內，搭配用天婦羅麵衣油炸的青辣椒、南瓜、甜椒，就完成了。

使用唐揚炸粉的三種嶄新唐揚炸料理

使用市售唐揚炸粉做出辣味唐揚炸料理2道，以及由藥草帶出草本香氣的清爽唐揚炸料理1道。利用以水溶解的麵衣油炸。

蔬菜唐揚炸 藥草風味

藥草（草本植物）和油炸物的組合新鮮有趣，鹹味也適當合宜，是清爽的唐揚炸料理。

○材料

南瓜、茄子、萬願寺紅辣椒、番薯、洋蔥、青辣椒……… 各適量
唐揚炸粉（羅勒風味）、水 ……………………………… 各適量

○作法

1 把各個蔬菜切成容易食用的大小。南瓜、番薯去皮。
2 唐揚炸粉用水溶解到天婦羅麵衣的程度，沾裹在**1**上，用170℃的熱油油炸。

日本製粉的唐揚炸粉「これでい粉　バジル＆ソルト（羅勒＆鹽風味）」

以時令蔬菜點綴出豐富色彩。

牛肉唐揚炸胡椒風味

辛辣的麵衣和牛肉很搭。
是一道會讓人想搭配啤酒一起食用的唐揚炸料理。

放一些清炸的甜椒搭配。

日本製粉的唐揚炸粉「これでい粉　ペッパーブラック（黑胡椒風味）」

○材料

牛腩肉、唐揚炸粉（胡椒風味）、水 ……………………………………各適量

○作法

1 唐揚炸粉用水溶解到天婦羅麵衣的程度。
2 把牛肉切成容易食用的厚度，沾裹1的麵衣，用170℃的熱油油炸。

放一些清炸的青辣椒搭配。

高體鰤的辛辣唐揚炸

紅辣椒的辛辣感和香氣，
緊緊鎖住高體鰤挾帶的脂肪。

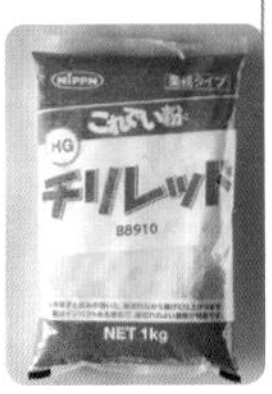

日本製粉的唐揚炸粉「これでい粉　チリレッド（紅辣椒風味）」

○材料

高體鰤（亦稱杜氏鰤、紅甘鰺）、唐揚炸粉（紅辣椒風味）、水 ………………………………… 各適量

○作法

1 把唐揚炸粉用水溶解到天婦羅麵衣的程度。
2 把高體鰤以三片刀法※剖開，切成塊狀再沾裹1的麵衣，用170℃的熱油油炸。

（※譯註：三片刀法請參照P.64說明。）

其他油炸物

各式各樣的其他油炸物

除了天婦羅、炸串和油炸、立田炸、唐揚炸以外，還有許多油炸物的種類。
包括最單純簡樸的油炸物「清炸」、從鄉土料理發展而來的「薩摩炸」、味道依豆腐種類而出現變化的「炸豆腐」等。另外，經常用於勾芡等燴製料理的「炸饅頭」也一併介紹給您。

清炸

清炸，是在未醃漬食材或沾裹麵衣的前提下，直接油炸食材的技法。重點是必須要徹底拭去食材的水分後再油炸。可以炸出食材原有的味道，也被認為是油炸物基本的樸實烹調法。

清炸栗子

若把栗子的外層厚皮也一併清炸，內部的果實會在外層厚皮當中被蒸熟，能做出既鬆軟又熱呼呼的口感，也能夠感覺到濃郁的甜味。栗子要挑選顆粒較大的。照片是京都府綾部產的丹波栗。

◯材料

生栗子………………………… 適量

◯作法

1 栗子要挑選顆粒較大的，並在中間處劃出十字型的交叉切紋。
2 把炸油加熱到170℃，放入**1**，油炸到劃有十字型切紋的位置張開為止。
3 將栗子連同厚殼一起盛放到容器內，擺出好看的形狀，再搭配一些楓葉就完成了。

薩摩炸

以魚肉碎末為基底的薩摩炸。雖然只是把能讓完成品帶有香氣和風味的材料，以及能帶出嚼勁的材料通通加入混合，但這些材料的搭配組合，正是製作薩摩炸的重要關鍵。

基本油炸方法

油炸

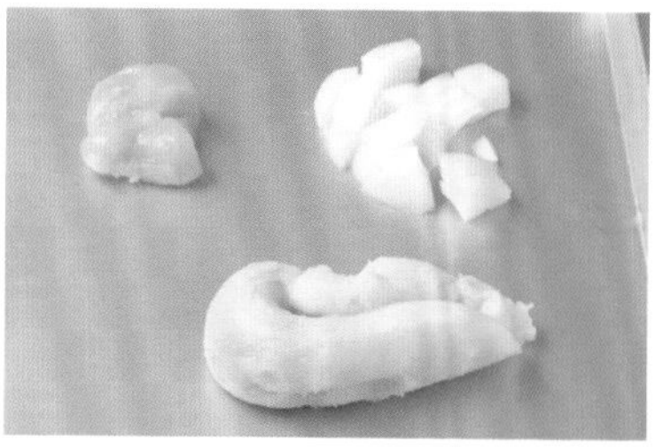

白肉魚的碎末搭配帆立貝和洋蔥的組合。

1 把食材放入攪拌盤中，輕撒一些鹽，充分混合。

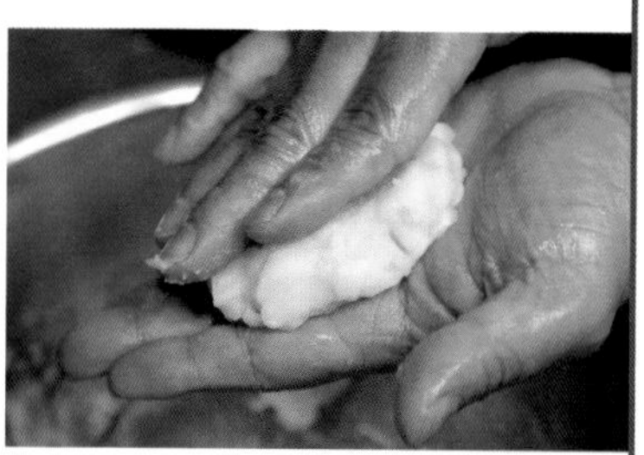

2 混合到出現黏稠感後，用手輕輕揉捏以調整形狀。

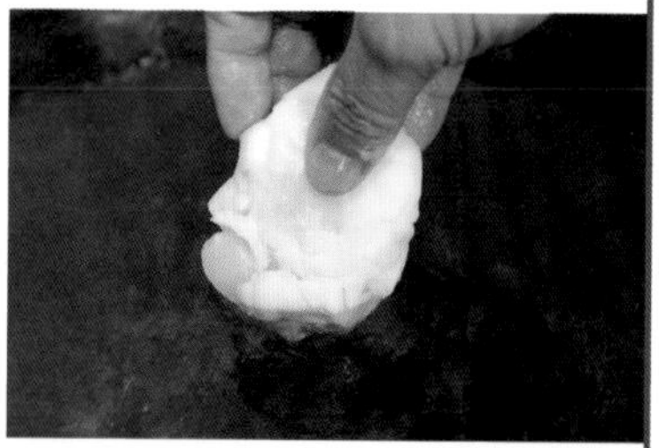

3 靜靜地放入加熱到170℃的熱油中。

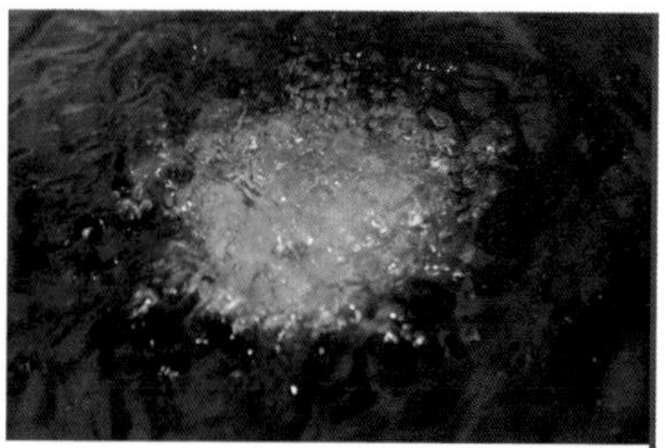

4 剛開始會立刻下沉到鍋底，隔一會兒就會浮上來。

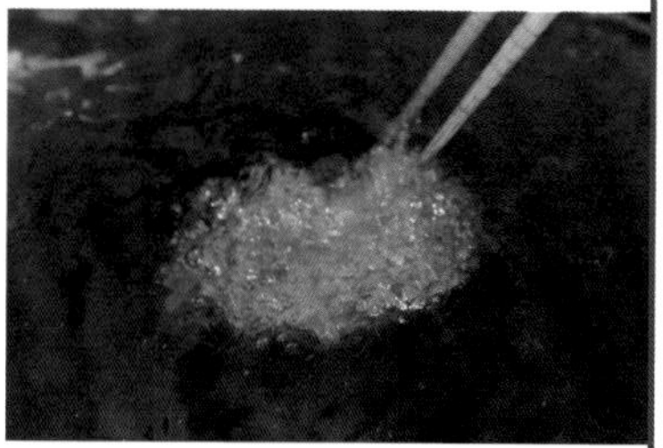

5 帆立貝和洋蔥等帶有甜味的食材很容易燒焦，要多注意。

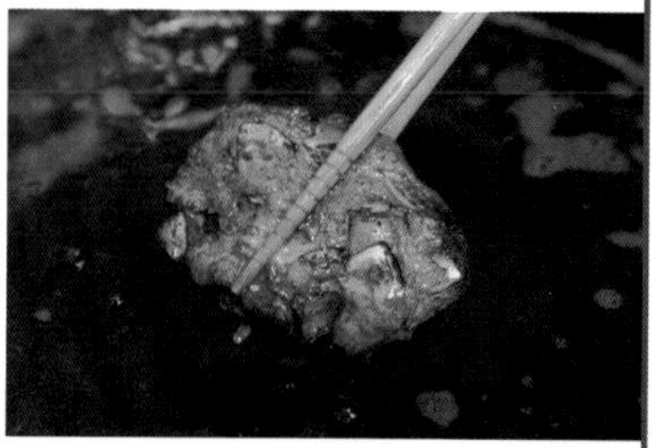

6 浮起後就差不多炸好了。用筷子夾起並在油上方甩動2～3下，把油分瀝掉。

沙丁魚薩摩炸

把沙丁魚連同骨頭一起拍鬆，並將口感細嫩的木綿豆腐、能緩和氣味的生薑汁及蔥一起放入油炸。棕色的油炸顏色是其特徵。

○材料

沙丁魚……………………… 2尾
木綿豆腐…………………… 50g
牛蒡………………………… 1/2根
青蔥………………………… 1/2根
蛋…………………………… 1個
調味料
- 生薑汁…………………… 5ml
- 濃醇醬油………………… 10ml
- 鹽………………………… 少許

太白粉……………………… 30g
四季豆、菊苣、小番茄…… 各適量
天婦羅麵衣………………… 適量

○作法

1. 沙丁魚要從頭部開始剝皮，用菜刀的刀面拍打魚身。
2. 豆腐用廚房紙巾包裹起來，放上壓物石靜置約45分鐘去除水分。
3. 牛蒡要斜切成竹葉似的薄片，用醋去除澀味。蔥切成碎末。
4. 把**1**、**2**、**3**、蛋、調味料、太白粉放入攪拌盆，用手混合攪拌，再捏成平坦的圓形。
5. 把炸油加熱到170℃，放入**4**，一邊翻面一邊油炸出漂亮的顏色。
6. 盛放到容器內，搭配用天婦羅麵衣油炸的四季豆、菊苣、小番茄，就完成了。

起司薩摩炸

把生肉或生魚和木綿豆腐混合後，再加入各式各樣的食材混合，能夠做出許多豐富的變化。本篇是加入起司油炸的薩摩炸。

○材料

- 生肉或生魚……………… 200g
- 木綿豆腐………………… 200g
- 調味料
  - 砂糖……………………… 15g
  - 鹽………………………… 2g
  - 薄鹽醬油……………… 少許
- 蛋白……………………… 1個的量
- 起司……………………… 50g
- 豆類、蘆筍…………… 各適量
- 天婦羅麵衣…………… 適量

○作法

1. 豆腐用廚房紙巾包裹起來，放上壓物石靜置約45分鐘去除水分。
2. 生肉或生魚先用研磨缽磨至出現黏稠感，再加入調味料、蛋白、**1**，再繼續研磨。
3. **2**變得平滑後，放入切細碎的起司混合，捏成平坦的圓形。
4. 把炸油加熱到170～180℃，油炸至出現漂亮的微焦色。
5. 盛放到容器內，搭配用天婦羅麵衣油炸的豆類和清炸的蘆筍就完成了。

蔬菜薩摩炸

將口感不同的4種蔬菜搭配魚碎末做成薩摩炸。伴隨在旁的番薯乾天婦羅，其甜味也相當好吃。

○材料

- 生肉或生魚………… 200g
- 木綿豆腐…………… 200g
- 調味料
  - 砂糖………………… 15g
  - 鹽…………………… 2g
  - 薄鹽醬油………… 少許
- 蛋白………………… 1個的量
- 胡蘿蔔……………… 少許
- 木耳………………… 少許
- 豌豆………………… 少許
- 牛蒡………………… 少許
- 番薯乾……………… 適量
- 天婦羅麵衣………… 適量

○作法

1. 豆腐用廚房紙巾包裹起來，放上壓物石靜置約45分鐘去除水分。
2. 胡蘿蔔、木耳、牛蒡切成細絲，和豌豆一起汆燙，然後用八方高湯（份量外）煮沸再放涼。
3. 生肉或生魚先用研磨缽磨至出現黏稠感（似肉餡或魚漿狀），再加入調味料、蛋白、**1**，再繼續研磨。
4. **3**變得平滑後，加入**2**混合，捏成平坦的圓形。
5. 把炸油加熱到170～180℃，油炸至出現漂亮的微焦色。
6. 盛放到容器內，把切成長條狀的番薯乾用天婦羅麵衣油炸後一起盛盤，就完成了。

炸豆腐

基本油炸方法

油炸

炸豆腐的麵衣會依製作的人不同，而有使用麵粉或使用太白粉等差異，本篇以1比1的比例混合這兩種粉，並加入少許的沙拉油，做成能炸出酥脆感的狀態。

1 製作麵衣。以麵粉1對太白粉1的比例放進攪拌盆內，再加入少許的沙拉油。

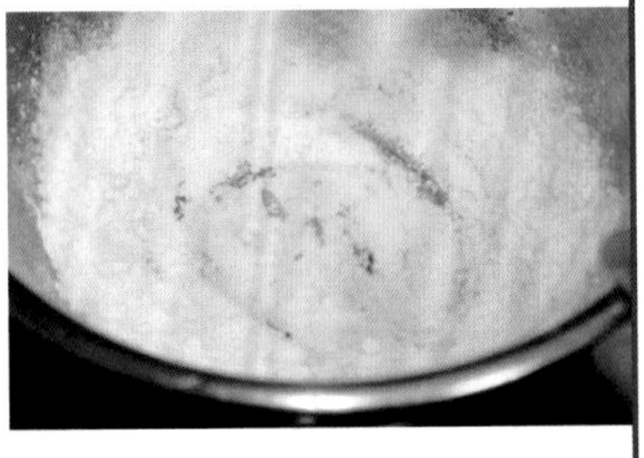

2 充分攪拌。若倒入沙拉油，溫度上升時麵衣中的油會綻開（被加熱），能炸得很酥脆。

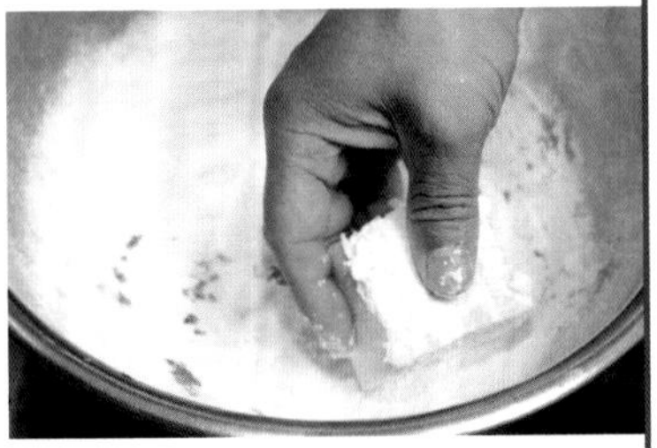

3 把去掉水分的木綿豆腐切成容易食用的大小，沾裹上麵衣，再把多餘的粉弄掉。

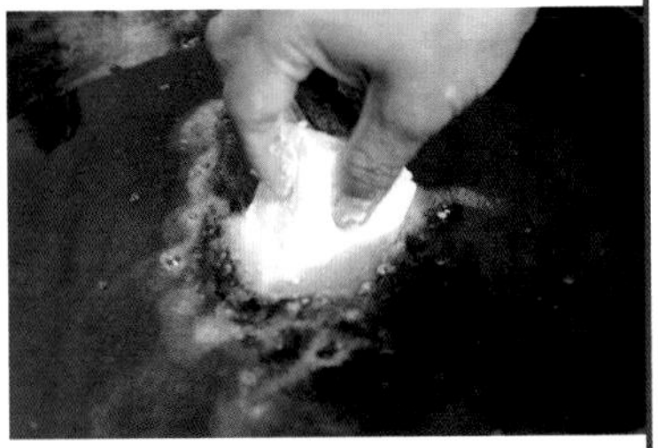

4 靜靜地放入加熱到170℃的熱油中。

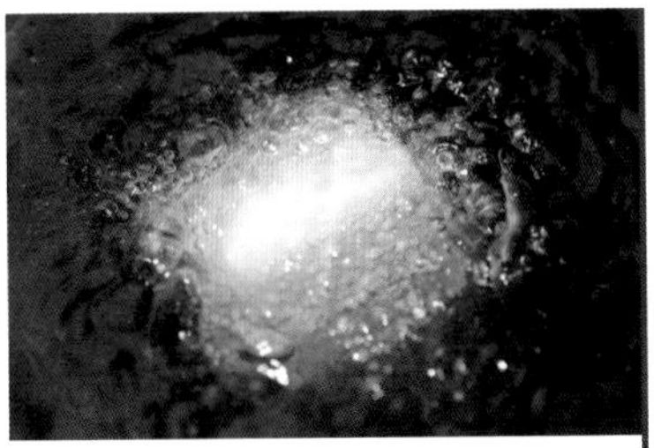

5 放進鍋裡後靜置不要觸碰它。

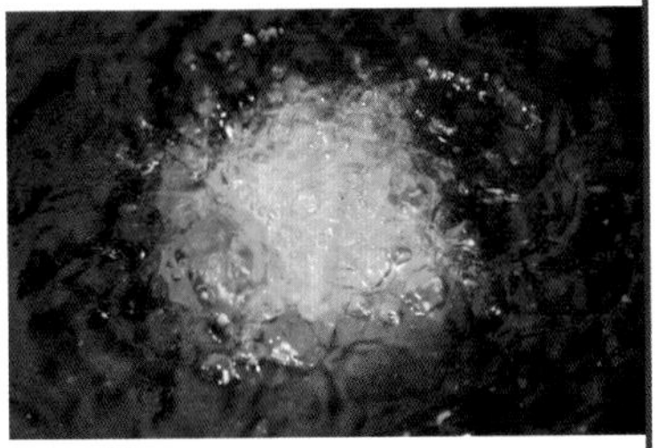

6 接觸到鍋底就會燒焦，因此要用筷子靜靜地翻攪它。

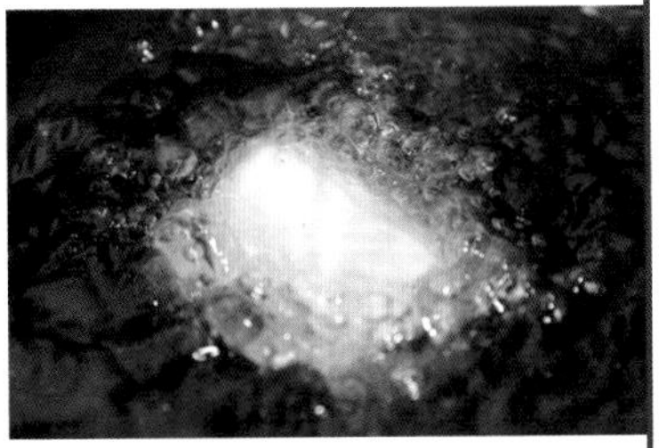

7 之後會陸續浮上來，泡沫會變小。

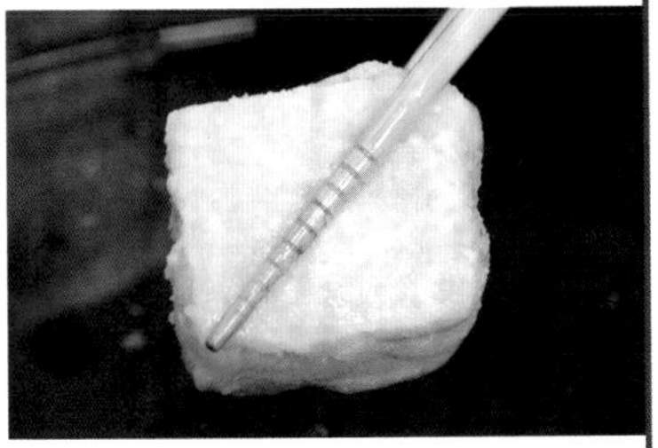

8 炸出漂亮的金黃色後就夾起來，把油分瀝掉。

核桃豆腐的蘑菇燴料理

以核桃醬和吉野葛製作出濃郁的核桃豆腐，淋上蘑菇勾芡湯汁，是一道充滿秋季氣氛的炸豆腐料理。

○材料

核桃豆腐

- 核桃醬……………………… 1合（180ml）
- 吉野葛……………………… 1合（180ml）
- 昆布高湯…………………… 8合（1440ml）
- 薄鹽醬油…………………… 少許
- 酒…………………………… 少許
- 味醂………………………… 少許
- 鹽…………………………… 少許

麵粉、太白粉、沙拉油……… 各適量

胡蘿蔔、番薯、扁身豌豆、栗子……………………………… 各適量

蘑菇勾芡湯汁（比例）

- 舞菇、香菇、蕈菇………… 各適量
- 高湯………………………… 15
- 薄鹽醬油…………………… 1
- 味醂………………………… 0.8
- 水溶解的吉野葛…………… 適量

○作法

1. 把核桃豆腐的材料放入攪拌盆內混合後，用濾網過濾。
2. 把**1**放入鍋裡，邊煮邊用飯勺攪拌，待濃稠感出現後，用大火燒煮約25分鐘並避免燒焦。
3. 倒入耐熱容器內放涼凝固。
4. 製作蘑菇勾芡湯汁。把舞菇、香菇、蕈菇切細汆燙，再以高湯、薄鹽醬油、味醂燉煮，之後放入水溶解的吉野葛，讓湯汁有適度的濃稠感。
5. 在等量的麵粉和太白粉中混入少量的沙拉油製作麵衣。將麵衣沾裹在**3**上，再用加熱到170℃的熱油油炸。
6. 把**5**盛放到容器內，上面擺放裝飾用的胡蘿蔔、番薯、扁身豌豆、清炸的栗子，再倒入**4**，就完成了。

南瓜豆腐的銀燴料理

把帶有甜味的南瓜做成豆腐，再以清爽的銀勾芡湯汁加持，是一道高雅的炸豆腐料理。南瓜使用泥狀的現成品。

◯材料

南瓜豆腐

- 南瓜泥……………………… 1合（180ml）
- 吉野葛……………………… 1合（180ml）
- 昆布高湯…………………… 8合（1440ml）
- 薄鹽醬油…………………… 少許
- 酒…………………………… 少許
- 味醂………………………… 少許
- 鹽…………………………… 少許

麵粉、太白粉、沙拉油……… 各適量

生海膽、南瓜、嫩芽………… 各適量

銀勾芡湯汁

- 昆布高湯…………………… 適量
- 味醂、鹽…………………… 各適量
- 水溶解的吉野葛…………… 適量

◯作法

1. 把南瓜豆腐的材料放入攪拌盆內混合後，用濾網過濾。
2. 把**1**放入鍋裡，邊煮邊用飯勺攪拌，待濃稠感出現後，用大火燒煮約25分鐘並避免燒焦。
3. 倒入耐熱容器內放涼凝固。
4. 製作銀勾芡湯汁。將昆布高湯以味醂、鹽調味，之後放入水溶解的吉野葛，讓湯汁有適度的濃稠感。
5. 在等量的麵粉和太白粉中混入少量的沙拉油製作麵衣。將麵衣沾裹在**3**上，再用加熱到170℃的熱油油炸。
6. 生海膽用糯米紙包裹起來，抹上太白粉後油炸。南瓜切成條狀後清炸。
7. 把**5**盛放到容器內，再把**6**放在**5**的上面，然後倒入**4**，最後用嫩芽裝飾，就完成了。

油炸胡麻豆腐與時令蔬菜佐蟹肉燴料理

把胡麻豆腐做成炸豆腐，能讓黏稠美味更添濃郁。除此之外還淋上蟹肉勾芡湯汁，絕對是一道充滿奢侈感的冬季豆腐料理。

○材料（4人份）

胡麻豆腐（比例）
- 葛粉……………………………1
- 水………………………………9
- 胡麻醬…………………………0.5
- 鹽、醬油、味醂……………各少許

茄子………………………………1/2根
南瓜（薄切片）…………………4片
玉米筍……………………………4根
萬願寺紅辣椒、
萬願寺青辣椒……………………各2根
鰹魚和昆布的高湯、濃醇醬油、
味醂、麵粉………………………各適量

蟹肉勾芡湯汁（比例）
- 蟹肉（散開狀）……………60g
- 鰹魚和昆布的高湯…………8
- 濃醇醬油……………………1
- 味醂…………………………1
- 酒……………………………適量
- 砂糖…………………………少許
- 葛粉…………………………適量

生薑（磨成泥）…………………適量

○作法

1 製作胡麻豆腐。把材料混合後徹底攪拌到溶解為止，然後開火燉煮。倒入耐熱模型內凝固。
2 切開**1**的胡麻豆腐（1人份1切塊），撒上麵粉。茄子外皮上用菜刀劃出格子切紋，再切成4等分。萬願寺辣椒對半切開，取出內籽。
3 把炸油加熱到170℃，油炸**2**、南瓜、玉米筍。
4 製作蟹肉勾芡湯汁。把高湯、醬油、味醂、酒、砂糖混合後開火燉煮，之後放入水溶解的吉野葛，讓湯汁有適度的濃稠感，接著放入散開的蟹肉。
5 把**3**盛放到容器內，在**3**的上面擺放生薑泥，再倒入**4**的蟹肉勾芡湯汁，就完成了。

炸饅頭

饅頭，可利用以各種材料製作的外皮來包裹食材，然後用蒸煮或油炸的方式烹調，再淋上勾芡湯汁等做成料理。本篇將介紹以蔬菜外皮為中心的饅頭料理。

蓮藕饅頭山葵葉燴料理

在材料中混入太白粉做成饅頭時，放入木薯粉取代太白粉，製作出麻糬般的黏糊口感。

○材料（4人份）

蓮藕…………………………1節
雞蛋精
- 蛋黃……………………3個
- 沙拉油…………………適量

木薯粉……………………少許
山葵葉……………………少許
甘鯛、鴨兒芹、小黃瓜、
小番茄……………………各適量
銀勾芡湯汁（比例）
- 鰹魚高湯………………16
- 薄鹽醬油………………1
- 味醂……………………1
- 水溶解的吉野葛………適量

○作法

1. 蓮藕磨成泥，搾乾水分。
2. 混合蛋黃和沙拉油，製作雞蛋精，把**1**一起混合，加入木薯粉並捏成圓形。
3. 把炸油加熱到180℃，放入**2**，油炸並注意不要出現微焦色。
4. 盛放到容器內，製作銀勾芡湯汁並將切成碎末的山葵葉放入湯汁內一起注入容器中，再搭配蒸煮的甘鯛、鴨兒芹、嵌入小番茄的裝飾小黃瓜，就完成了。

栗子山芋餅的蓬鬆油炸物佐菊花燴

把栗子、魚肉山芋餅、蛋白混合做成蓬鬆的饅頭，清炸之後再搭配銀勾芡湯汁一起食用。浮在銀勾芡湯汁上的菊花，增添了不少季節感。

○材料（4人份）

栗子（水煮）………………………… 150g
魚肉山芋餅………………………… 150g
蛋白……………………………… 1個的量
銀杏（水煮）……………………… 8個
蝦子……………………………… 4尾
蕈菇……………………………… 1/4包
銀勾芡湯汁
- 高湯…………………………… 400ml
- 味醂…………………………… 40ml
- 酒……………………………… 40ml
- 薄鹽醬油……………………… 40ml
- 鹽……………………………… 少許
- 水溶解的吉野葛……………… 適量

黃菊花、紫菊花…………………… 各適量
扁身豌豆、胡蘿蔔………………… 各適量

○作法

1. 把栗子、魚肉山芋餅、蛋白用食物調理機（蔬果機）混合攪拌。銀杏切碎備用。
2. 蝦子去殼並用刀劃出切紋，再用酒和鹽煎煮。蕈菇氽燙煮熟後浸泡在已調味的醬汁（份量外）內備用。
3. 把在**1**切碎的銀杏，混合到**2**裡，捏成圓形。
4. 把炸油加熱到165℃，放入**3**，油炸至出現漂亮的微焦色。
5. 盛放到容器內，注入放有黃菊花和紫菊花的銀勾芡湯汁，並擺放氽燙後浸在調味醬汁中的扁身豌豆及雕刻成蜻蜓造型的胡蘿蔔，就完成了。

芋頭饅頭岩石油炸物佐銀燴

帶有芋頭和山藥等黏稠感的饅頭。放入含有生薑和柚子胡椒的雞肉丸，搭配清爽的銀勾芡湯汁，更是別有一番風味。

○**材料**（4人份）

外皮麵糰
- 芋頭（做成泥狀）…… 100g
- 山藥（做成泥狀）…… 50g
- 糯米粉…… 30g
- 糕餅粉…… 5g
- 鹽…… 少許

內餡食材
- 雞絞肉…… 100g
- 酒…… 30ml
- 濃醇醬油…… 15ml
- 砂糖…… 12g
- 生薑泥…… 10g
- 柚子胡椒…… 少許

麵粉、蛋白…… 各適量
年糕片…… 適量
扁身豌豆、胡蘿蔔、
蜂斗菜…… 各適量
生薑泥…… 適量
銀勾芡湯汁（參照P.83）
…… 適量

○**作法**

1. 蒸煮芋頭和山藥並過篩，和糯米粉、糕餅粉（或低筋麵粉）、鹽混合攪拌。
2. 食材的雞絞肉（100g）選用夾有脂肪的部份，然後用酒、醬油、砂糖、生薑泥燉煮。冷卻後加入柚子胡椒，用食物調理機（蔬果機）混合攪拌。
3. 把**2**用**1**的麵糰包裹起來（每1個饅頭內餡食材約8g，外皮麵糰20g），撒上麵粉，放到蛋白裡浸一下，再沾上年糕片。
4. 把炸油加熱到170℃，放入**3**油炸。
5. 盛放到容器內，淋上銀勾芡湯汁，主食材上方再擺放汆燙過的扁身豌豆、胡蘿蔔、蜂斗菜、生薑泥，就完成了。

南瓜饅頭 玉米片油炸物 佐玳瑁燴

在帶有柔軟甜味的麵糰中，再添加玉米片凝聚的口感。

○材料（4人份）

- 南瓜…… 100g
- 細米粉…… 20g
- 太白粉…… 少許
- 蟹肉…… 適量
- 麵粉、蛋白…… 各適量
- 玉米片（粉末）…… 適量
- 胡蘿蔔、四季豆、菊花…… 各適量
- 玳瑁勾芡湯汁（比例）
  - 鰹魚高湯…… 15
  - 濃醇醬油…… 1
  - 味醂…… 1
  - 水溶解的吉野葛…… 適量

○作法

1. 南瓜去皮，蒸煮20分鐘並過篩，和細米粉、太白粉混合攪拌。
2. 把蟹肉用**1**的麵糰包裹起來（每1個饅頭內餡蟹肉食材約8g，外皮麵糰20g），撒上麵粉，放到蛋白裡涮一下，再沾上玉米片。
3. 把炸油加熱到170℃，放入**2**油炸。
4. 盛放到容器內，注入玳瑁勾芡湯汁，然後在主食材上方擺放浸在調味醬汁（份量外）中的扁身豌豆、雕刻成楓葉造型的胡蘿蔔和菊花，就完成了。

筍饅頭鳴門燴

以竹筍為主軸，加入帆立貝或鮮奶油，做成帶有甜味的炸饅頭，再淋上海帶芽和油菜等香氣佳的鳴門勾芡湯汁。

○材料（4人份）

- 外皮麵糰
  - 竹筍…… 100g
  - 帆立貝碎末…… 100g
  - 魚肉碎末…… 50g
  - 山藥…… 50g
  - 蛋…… 1個
  - 帆立貝（切成大的塊狀）…… 適量
  - 鮮奶油…… 30ml
- 細米粉…… 適量
- 蝦子、嫩芽…… 各適量
- 鳴門勾芡湯汁（比例）
  - 鰹魚高湯…… 15
  - 薄鹽醬油…… 1
  - 味醂…… 1
  - 水溶解的吉野葛… 適量
  - 蝦仁碎末、油菜、海帶芽…… 各適量

○作法

1. 外皮麵糰的材料混合後，用食物調理機（蔬果機）攪拌一下，然後用保鮮膜包起來蒸15分鐘。
2. 把**1**做成圓形的較大口的一口大小，沾裹細米粉，用170℃的熱油油炸。
3. 將鳴門勾芡湯汁用調味料調味，放入煮沸的蝦仁碎末、油菜、海帶芽，用吉野葛做出濃稠感。
4. 把**2**盛放到容器內，注入鳴門勾芡湯汁，然後在主食材上方擺放汆燙過的蝦子和嫩芽，就完成了。

以創意製作

變化豐富的油炸物

天婦羅

生火腿和無花果的天婦羅

●材料和作法請參閱126頁

將生火腿和無花果這種法國料理或西班牙料理等開胃冷盤般的組合做成天婦羅料理。把無花果用生火腿捲起來，直接這樣沾裹麵衣。油炸溫度為170℃。在還沒有炸出焦黃色之前就要夾起來，搭配檸檬和天婦羅沾醬汁，做出清爽口感。

把切成一口大小的無花果用生火腿約捲個1圈半。

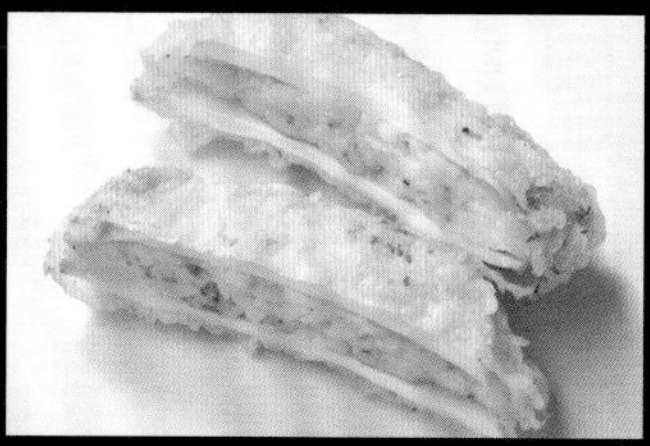

由於只有種籽能夠生食，所以必須油炸到麵衣凝固的程度。

油炸

櫻花蝦脆皮鮮蝦

材料和作法請參閱126頁

沾裹櫻花蝦取代麵包粉做成創意麵衣的油炸料理。具香味的櫻花蝦能吸附油的美味，帶出另一層濃郁香味。

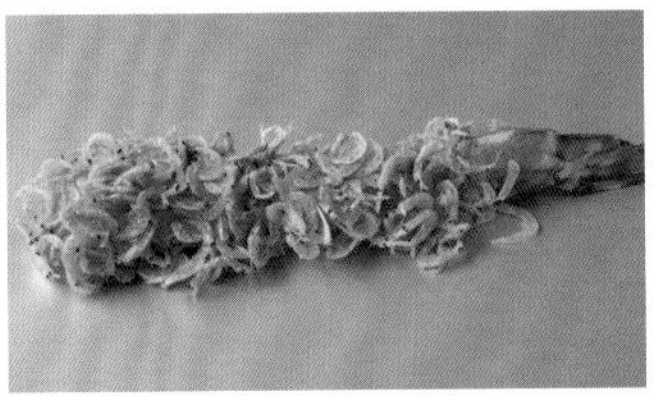

除了蝦尾外，讓櫻花蝦完全佈滿整隻蝦。

天婦羅

豆皮包餡與櫻桃蘿蔔

材料和作法請參閱126頁

油炸物中間塞入鵪鶉蛋和豆腐渣，再以薄麵衣油炸。油炸物的外層和薄麵衣一樣香酥脆口，與內餡的柔軟感呈現明顯對比，能一口享受到兩種滋味。

油炸後，切成容易食用的大小。

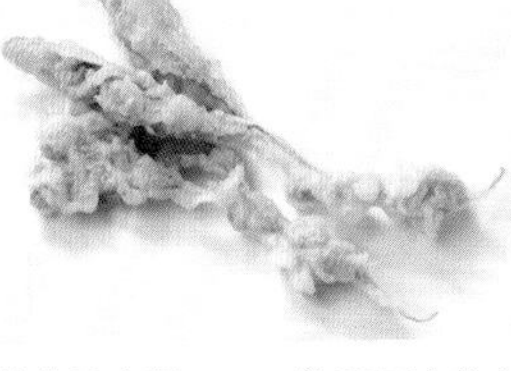

櫻桃蘿蔔是直徑5mm、約20天大的白蘿蔔。

天婦羅

白蝦仁、小干貝的炸什錦

◎材料和作法請參閱126頁

白蝦仁選用富山縣的特產，帶有纖細的甘甜味。搭配香味出色的鴨兒芹和洋蔥一起油炸且避免炸出焦色，能發揮出其甘甜和清新的香味。不妨添加一些山桃和薑花，再擺放蝦鹽調味。

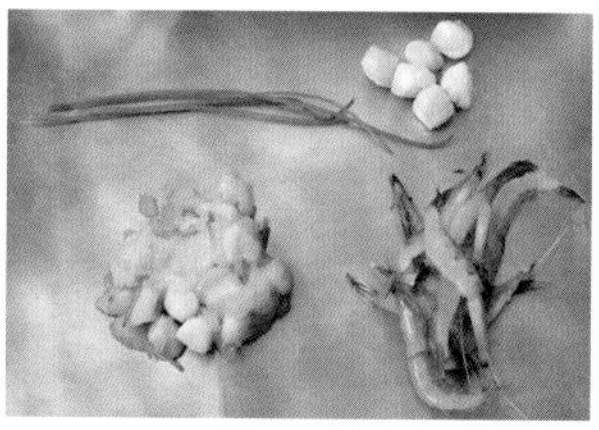

以新鮮的白蝦仁搭配帶甘甜味的小干貝。

天婦羅

海鰻萩花白扇炸

◎材料和作法請參閱127頁

沾裹太白粉和蛋白做的麵衣油炸，可以炸出蓬鬆柔軟的白色外皮，所以稱為白扇炸。加入花穗紫蘇能做出類似萩花的模樣，更能增添趣味。

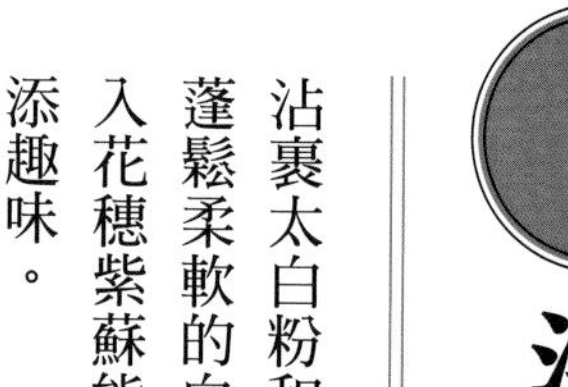

準備去掉魚骨的海鰻肉身。

油炸

甘鯛霰炸物

材料和作法請參閱127頁

沾裹霰麵衣（小塊的煎餅做成的麵衣）後油炸的甘鯛，再加入清炸的蝦芋、南瓜、茄子，然後淋上鰹魚高湯做成的銀勾芡湯汁。濕潤多汁的口感中吃得到香脆的麵衣，是這道料理的一大重點。

天婦羅

錦線包裹帆立貝的炸物

材料和作法請參閱127頁

用蛋液沾黏帆立貝和洋蔥，再以薄的煎蛋皮包裹起來，然後在外層沾裹薄麵衣油炸。招待客人時，可在一旁擺上具對比感的杏仁麵衣蟹肉松笠炸。

天婦羅

甜蝦仁和百合根的炸什錦

材料和作法請參閱127頁

搭配甜蝦仁和百合根等兩者都是帶有甜味的材料，再加入鴨兒芹做成炸什錦。天婦羅沾醬汁，則是在鰹魚風味的煎煮沾醬汁中加入蛋黃，做成風味強烈又濃郁的蛋黃醬油。

其他

油炸蝦肉碎末吐司

材料和作法請參閱128頁

將中華料理的人氣餐點「蝦仁吐司」做成小型尺寸，最適合當作下酒小菜！蝦肉碎末要揉捏到出現黏稠感是一大重點。

放在吐司上的食材必須混合到出現黏稠感，是這道料理的製作秘訣。

其他

酥脆的帶骨雞腿排

材料和作法請參閱128頁

準備食材時先充分讓食材醃漬入味，然後抹上糖漿，接著將晾乾帶骨的雞腿排放入油炸，炸出外皮酥脆、內裡肉質鮮嫩多汁的雞腿排。事前先用微波爐加熱至裡面的肉質熟透，再用高溫的熱油一次油炸完成，這是操作時的重點。在旁邊擺放酸甜的梅子醬搭配食用。

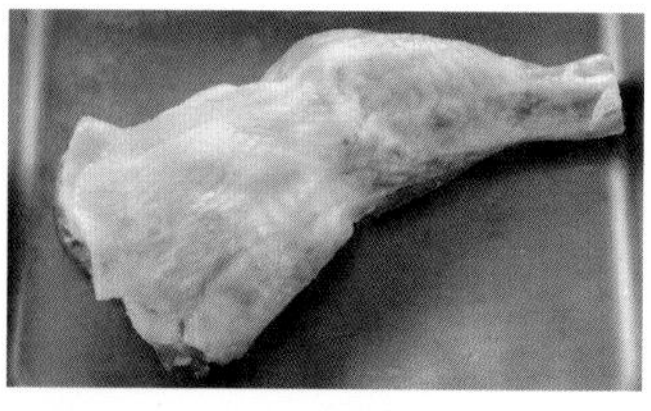

雞肉使用帶骨的雞腿部位。

其他

炸肉捲

用切開的油炸物捲起豬絞肉餡的炸肉捲。在豬絞肉中添加混好的醃漬調味料調味，搭配酥脆的油炸外皮一起食用，美味加分。

材料和作法請參閱128頁

用太白粉把食材沾黏在一起，然後像做春捲一樣，掌握要領，用油炸物捲起來。

其他

豆皮捲

豆皮（豆腐皮）也就是中國料理中常見的油皮。它是將豆漿倒入板狀模型內靜置凝固後做成的食材，可以直接當作前菜使用。用這種豆皮包裹蝦仁餡料油炸，可以同時享用到香酥脆口的外皮與鮮嫩多汁的內餡。

材料和作法請參閱128頁

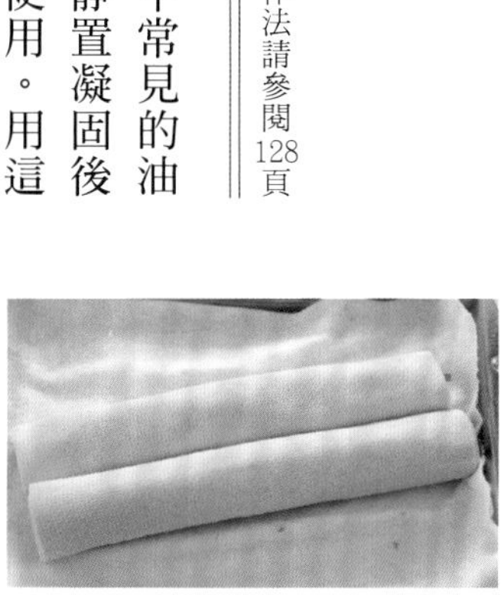

用豆皮把使用蛋白酥皮調製味道的蝦仁內餡捲起來。

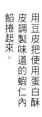

油炸

南瓜、毛豆、金槍魚的可樂餅

●材料和作法請參閱129頁

在南瓜泥中混合洋蔥、金槍魚、毛豆拌炒，再以麵包粉油炸而成的可樂餅。溫和的甜味中帶有少許鹹味。若在辛辣料理的間隔中食用，將會是一道帶來放鬆安穩感覺的料理。

油炸

炸半熟鮭魚

●材料和作法請參閱129頁

將新鮮鮭魚的外層用麵包粉沾裹後油炸，讓內裡的魚肉部分維持半熟狀態的味道。油炸後先暫時靜置，讓餘溫貫穿整個鮭魚後再切開。淋上凝露狀的橙汁再品嚐，美味更加分。

唐揚炸

石斑魚的醋漬野味風

●材料和作法請參閱129頁

醋漬野味，是使用白酒的調味液醃漬食材，做出西洋料理的南蠻醃漬。徹底油炸到連骨頭都能食用般酥脆，讓食材內部也充分熟透。

油炸

芋頭霰炸物

●材料和作法請參閱129頁

在炸出香酥口感的麵衣當中，有黏稠的芋頭和蟹肉芯。是能夠享受到多重口感的油炸物。粒狀的雪餅（小煎餅）麵衣，是將煎餅乾燥後再烘烤而成的，經常被用於茶泡飯、燉煮用的調味醬汁、創意麵衣等。

唐揚炸

香魚唐揚炸

◎材料和作法請參閱130頁

在香魚上沾滿味道契合的蓼葉一起油炸，並將清炸的香魚骨酥餅擺放在旁，可透過香魚獨特的香氣、蓼葉的辛辣味以及唐揚炸的香酥口感，感受季節的風味。

在香魚上沾裹防黏手麵粉再浸一下蛋白，撒上切成碎末的蓼葉。

油炸

油炸牛肋肉和茄子的夾心

材料和作法請參閱130頁

組合上等牛肉和茄子所做出的油炸料理。酥脆的麵衣和軟嫩的內餡，味道堪稱絕配。由於麵衣容易在熱油中散開，因此沾裹麵衣後需要稍微靜置一下讓狀態穩定，然後才放入油炸。

把牛肉和茄子做成相同大小相疊，再以油炸麵衣包裹起來。油炸麵衣的麵包粉使用生麵包粉。

立田炸

秋季綜合炸料理

材料和作法請參閱130頁

秋刀魚的立田炸搭配秋季食材的清炸料理，是充滿季節感的一道餐點。秋刀魚在料理前必須先醃漬在以醬油與味醂為主軸的醃漬醬汁中約1小時，讓它充分入味，這是這道料理的製作重點。

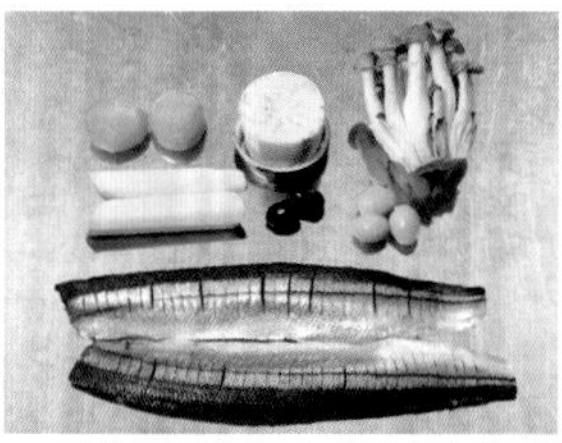

秋刀魚和栗子、蕈菇等組合，帶出豐富的季節感。

天婦羅

炸烏賊海味捲

◎材料和作法請參閱130頁

在槍烏賊的身體內側像貼上般放入海苔，再以天婦羅麵衣油炸。雖然是單純的天婦羅料理，但其海味香氣和日本酒非常契合。可用檸檬汁帶出烏賊的甘甜味。

其他

蛋黃油炸鮮嫩小芋頭銀燴料理

◎材料和作法請參閱130頁

油炸只沾了蛋黃的鮮嫩小芋頭（新小芋），再淋上銀勾芡湯汁。太白粉（當作防黏手麵粉）加蛋黃做成的蛋黃麵衣，為濃稠的口感帶來甘甜的風味。淋上銀勾芡湯汁，做出高級口感。

天婦羅

炸鮑魚蝦餅

◎材料和作法請參閱131頁

鮑魚切成薄片，沾裹麵衣後再以蝦餅碎末包裹住。蝦餅的香味、鹹味及色澤皆效果極佳。

天婦羅

鱚魚梅紫蘇捲

◎材料和作法請參閱131頁

在鱚魚（又稱沙鮻）這種沒有強烈味道個性的食材上搭配紫蘇葉和梅肉的組合，是天婦羅料理中廣受歡迎的素材。只添加少許檸檬，就能品嚐到清爽美味。

油炸

炸芝麻豆腐佐彩色豆皮

◎材料和作法請參閱131頁

在芝麻豆腐上撒滿切碎的豆皮，再以高溫熱油油炸，然後將清炸的蔬菜擺放在旁。由於芝麻豆腐只需餘溫即可溫熟，因此只要豆皮炸出微焦色就可以夾起來了。

撒滿充足的三色豆腐絲（市售品）。

豌豆芝麻豆腐沾裹蛋白。

其他

炸蛋皮高湯捲佐蟹肉燴料理

◎材料和作法請參閱131頁

把蛋皮高湯捲做成類似炸豆腐的感覺，再淋上蟹肉勾芡湯汁。把多的蛋皮高湯捲當成一道料理，也是很不錯的餐點。

油炸

番薯可樂餅燴咖哩

以番薯口味的可樂餅為中心，再搭配咖哩燴料、星形胡蘿蔔、切成四分之一圓的扇形番薯。此外，還放入了甜椒和櫛瓜，相當具有華麗感。

材料和作法請參閱131頁

油炸

箬鰨魚的梅香油炸料理

在味道顯著又有個性的各種味噌中加入梅肉的酸味，再用箬鰨魚（亦稱牛舌魚）捲起來。然後用油炸麵衣包裹、油炸，增添了酥脆的口感和油香。

材料和作法請參閱132頁

雪花蓮藕夾心天婦羅

天婦羅

●材料和作法請參閱132頁

在切成薄片的蓮藕內孔中塞入魚蝦碎末，做成口感酥脆的油炸物。適合搭配以鰹魚熬製、美味倍增的煎煮沾醬汁的香氣。

沿著蓮藕內孔的形狀去皮，再把魚蝦碎末夾在其中。

天婦羅

炸豆皮棒

◎材料和作法請參閱132頁

把混入蟹肉的魚漿用豆皮包住並捲成細長狀，再搭配九條蔥的炸什錦、各種蔬菜的棍棒炸，並以辛辣口感的美乃滋當作沾醬。是一道帶有時尚感、可作為下酒菜的油炸料理。

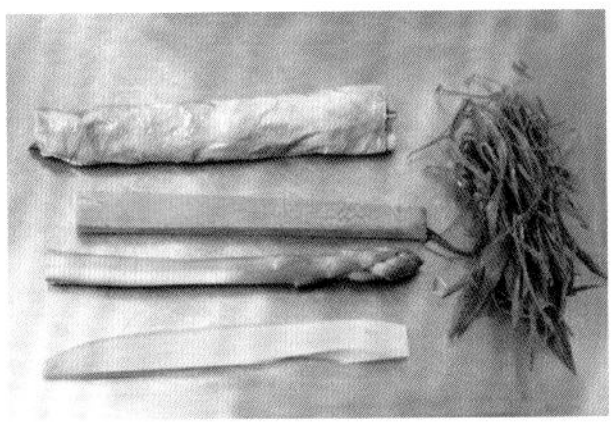

切成同樣棍棒狀大小的食材。右側為九條蔥。

油炸

日本對蝦東寺炸

◎材料和作法請參閱132頁

東寺炸的東寺，是指豆皮。因豆皮是在東寺製作的緣故，而將豆皮稱為東寺。把豆皮捲起來或切碎做成麵衣的油炸物，稱為東寺炸。炸出酥脆口感，並避免燒焦。

把切碎的豆皮麵衣沾裹在日本對蝦上。

其他

炸白身魚紫蘇海味

白身魚、紫蘇、梅肉、海苔等，配酒的王道組合。以低溫快速油炸以免海苔香氣流失。

●材料和作法請參閱133頁

其他

蟹肉佐起司的和風春捲

把以豆腐和蔬菜為主體的麵糊鋪在豆皮上，再把蟹肉和起司當作芯一起捲起來。放入油炸後，起司會在內部融解，與蟹肉、蔬菜、柚子等香氣混合。

●材料和作法請參閱133頁

油炸

Pinchos炸串

模仿西班牙的下酒小菜「Pinchos（一種用牙籤戳住的小吃）」的油炸物。搭配香味佳的黑醋醬一起品嚐日式和西式共5種炸串。葡萄酒自然是不在話下，也很適合日本清酒。

◎材料和作法請參閱133頁

天婦羅

炸海鰻佐海膽膏捲

只要把筷子插入海鰻中，就會有濃稠的海膽膏溢出。裡面有拌炒黃油的蘑菇和蔬菜。海膽膏包在春捲的皮上後，再用海鰻捲起來。

◎材料和作法請參閱133頁

其他

鮮蝦馬鈴薯創意蓑衣炸

蓑衣炸，是把蔬菜等切成細絲做成麵衣後，油炸成蓑衣般的外型。這次是在鮮蝦上沾裹馬鈴薯的細絲麵衣。以低溫的油，將馬鈴薯炸出酥脆口感。

◎材料和作法請參閱134頁

炸一夜干

天婦羅

●材料和作法請參閱134頁

一夜干帶有每隻魚的獨特香氣，以油炸的方式品嚐其箇中差異。鮭魚魚干是秋鮭的曬乾物，也是非常適合作為下酒菜的珍饈美味。小香魚是小型的鱈魚。海鰠即為魟目的魔鬼魚，尤其紅海鰠特別美味。

調整大小後，外觀也整齊劃一。

白帶魚的筒炸料理

天婦羅

●材料和作法請參閱134頁

把在關西地區極受歡迎的白帶魚（太刀魚），油炸成能聯想到其原本姿態的筒狀。搭配的食材包括薄麵衣油炸的蒟蒻和小番茄等。再佐以濃醇的胡麻天婦羅沾醬汁。

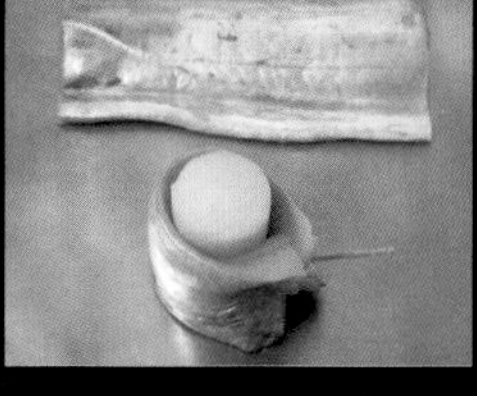

油炸後，把中間的白蘿蔔拿掉，就會形成筒狀。

其他

玉米岩石炸丸※

●材料和作法請參閱134頁

把玉米和魚肉碎末、銀杏芋（山藥）、蛋白混合，揉捏成圓球狀再油炸的帶甜味岩石炸丸。

（※譯註：岩石炸丸（岩石揚げ）所指的岩石，即圓球丸子造型。也可稱為炸丸子。）

其他

酥炸目光魚

●材料和作法請參閱135頁

目光魚的眼睛很大，會反射光而看起來閃閃發亮，因此得此命名。以紫蘇和芝麻風味油炸油脂飽滿的目光魚。

本次使用三重縣產的目光魚。

栗子和沙丁魚的岩石炸丸

●材料和作法請參閱135頁

用沙丁魚碎末包覆栗子，把炸成丸子狀的岩石炸丸，佐醬油粉品嚐。搭配的馬齒莧是一種有類似水芹般辛辣口感的新穎蔬菜，能為料理增添特色。

其他

天婦羅

鹽醃鯖魚天婦羅

鹽醃鯖魚是越前若狹一帶、由鹽醃漬鯖魚做成醃漬品的鄉土料理。雖然不限魚種，但以鯖魚較有名。做成天婦羅後，其強烈的鹹味會轉變溫和。

●材料和作法請參閱135頁

天婦羅

烤製品和迷你胡蘿蔔天婦羅

在各地作為鄉土料理的烤製品。這次的烤製品是有豬肉內餡的大份量料理。此外再搭配迷你尺寸的胡蘿蔔一起品嚐。

●材料和作法請參閱135頁

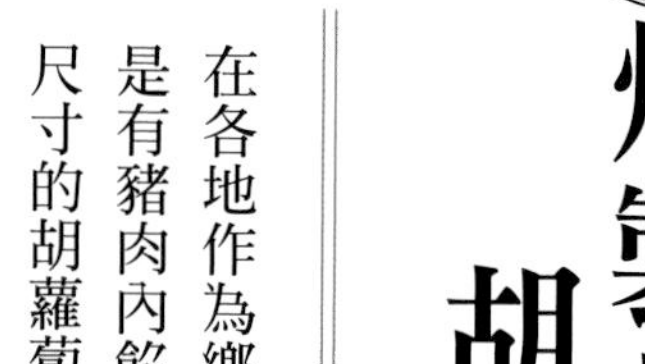

迷你胡蘿蔔削皮、烤製品整顆丸狀直接沾裹麵衣後油炸。

天婦羅

似鮮肉的大豆天婦羅

材料和作法請參閱135頁

特殊商品名「似鮮肉的大豆料理（肉らしい豆な嫁）」，味道是雞肉，卻是以大豆製成，名稱即是此意。雖然沾裹麵衣做成了天婦羅，但做成唐揚炸一樣美味可口。

植物性蛋白質相當豐富。

天婦羅

豆腐麻糬和櫻桃蘿蔔

材料和作法請參閱135頁

由豆腐和太白粉等澱粉製作的豆腐麻糬，不僅有來自麻糬本身的黏稠彈牙口感，還散發出一股健康的大豆香氣。做成油炸麻糬佐豆腐美乃滋，風味一絕。

口感是麻糬，材料是大豆的豆腐麻糬。

其他

炸零余子餡包

材料和作法請參閱136頁

把零余子（或稱珠芽、山藥豆）和魚肉碎末混合，填塞到豆餡外皮裡，是香酥風味的油炸物。把綠茶蕎麥麵做成麵衣裹在魚漿上油炸，讓它的外觀看起來像是帶刺殼的栗子，更增添一層如秋風情。

把魚肉碎末和零余子放入豆餡外皮油炸。

天婦羅

炸根菜佐辣醬

材料和作法請參閱136頁

嚼勁佳的根菜搭配外觀鮮豔的辣醬。根菜需避免裹上厚重麵衣，以薄麵衣油炸。辣醬內含有唐辛子、大蒜、泰國沾醬，其風味新鮮，極有特色。

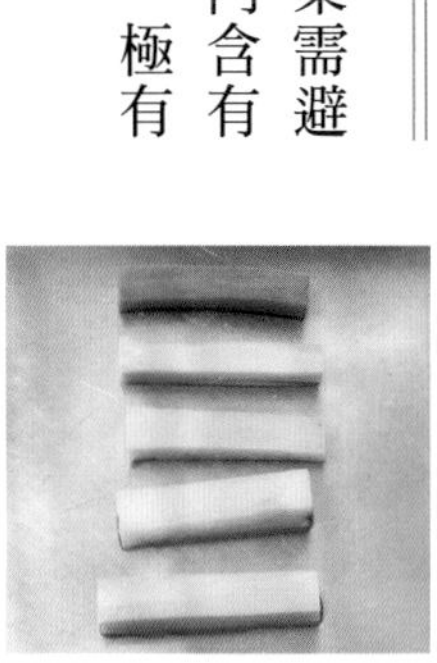

蔬菜切成相同長度或大小。

天婦羅

酪梨和起司的炸什錦

材料和作法請參閱136頁

把帶有獨特黏稠口感的酪梨，搭配口感極有個性的起司和毛豆，做成炸什錦。酪梨先淋上檸檬汁去除澀味備用。

油炸

炸塔塔鮮蝦

材料和作法請參閱136頁

本以為是一般炸蝦，沒想到一入口，卻是顛覆預測的美乃滋風味。包覆鮮蝦的是塔塔醬和馬鈴薯的混合品。可品嚐到麵衣酥脆感和柔軟內餡的對比風味。

油炸

豬肉蔥味味噌捲

材料和作法請參閱137頁

豬肉很適合搭配青蔥食用，但這裡使用了嫩軟的九條蔥，帶出更深層的風味。金山寺味噌的香氣也甚佳。

天婦羅

炸烏魚子山藥捲

豪爽地使用1爪完整的和食三大珍味之一的烏魚子，和鮮蝦和山藥一起捲起來做成天婦羅。蝦尾朝外伸出般捲起，是油炸時的一大秘訣。

●材料和作法請參閱137頁

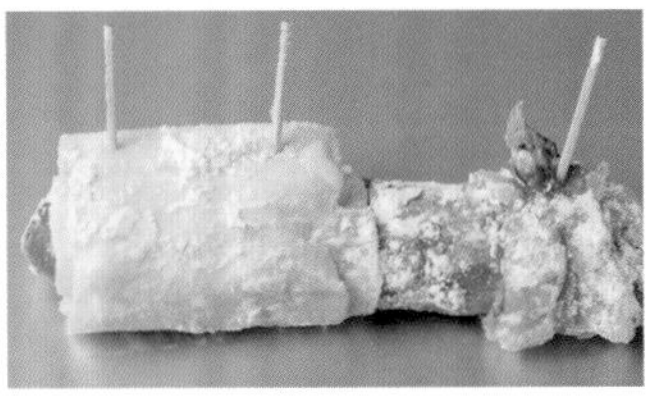

烏魚子上撒一些麵粉當底（手粉），再把蝦尾朝外，捲起切開的蝦子。

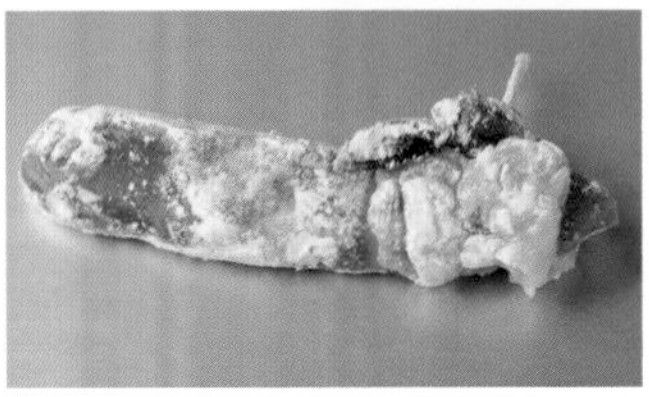

在烏魚子剩下的部分上，捲上做成桂剝[※1]狀的山藥。

※1：一種蔬菜的切法。把切成輪狀的蘿蔔和黃瓜像削皮一樣切成長長薄薄狀的東西。

※2：三片刀法請參照P.64說明。

其他

鯵魚的創意油炸佐甜醋沾醬

讓三片刀法[※2]切開的鯵魚，沾裹口感辛辣的柿之種米果做成的麵衣，炸出酥脆香氣，可搭配甜醋食用。採用如柿之種米果這種粗粒麵衣的情形下，油溫必須降低，仔細油炸就能炸得均勻。

●材料和作法請參閱137頁

其他

南部炸章魚軟燉

材料和作法請參閱137頁

使用芝麻的油炸物稱為南部炸（因為日本南部地區盛產芝麻）。芝麻麵衣容易裂開，所以在重覆沾裹了兩次麵粉和蛋白後，以在烤盤中搖晃般讓芝麻沾上即可。

把沾上麵粉的煮章魚放進蛋白裡涮一下。

反覆沾裹麵粉和蛋白兩次，再把芝麻沾上去。

唐揚炸

加州風炸海鮮

材料和作法請參閱138頁

這道料理的名稱來自酪梨。清炸對半切開的酪梨，擺放在容器醒目之處，上面再放上海鮮的唐揚炸，並搭配多種清炸蔬菜與番茄奶醬。可邊弄散酪梨的果肉邊品嚐。

油炸

鮑魚玄米香煎

材料和作法請參閱138頁

玄米香煎是把玄米的炒米粉末化的狀態。帶有香氣和甘甜味，搭配創意油炸麵衣實屬完美。雖然是以麵粉當底，然後在蛋白中涮一下，不過這裡的蛋白是打發成蛋白酥皮的狀態，能使品嚐時的口感更佳。

天婦羅

馬鈴薯夾心炸

材料和作法請參閱138頁

馬鈴薯搭配日本對蝦碎末的夾心炸。把銀杏芋和蛋白加到蝦仁碎末裡，使口感更溫和好入口。

其他

黃金蛋皮包巾造型黑豆零余子炸什錦

材料和作法請參閱138頁

清炸黃金蛋皮包裹住蒸熟的零余子（珠芽、山藥豆）和黑糖燉煮的黑豆，所做成的炸什錦料理。由於在薄蛋皮包裹之前已經先油炸了一次，能帶出更深一層的獨特美味。

天婦羅

海鰻蔥捲天婦羅

材料和作法請參閱138頁

用切開的海鰻把青蔥和梅肉捲起來，以含胡麻油的油炸成天婦羅。把海鰻的皮往中間捲，能讓色澤和外觀都好看。

酥炸三色伊勢龍蝦

油炸

在伊勢龍蝦的蝦身上穿戴3色微塵粉的華麗油炸物。佐蝦味噌沾醬食用。

●材料和作法請參閱139頁

微塵粉是以米餅為原料做成、沒有明顯風味的粉粒。

螃蟹和甘鯛的蝦芋炸蒲包

天婦羅

炸蒲包，是一種把材料包裹住再油炸的料理。這道料理，是把蝦芋食材用螃蟹和甘鯛包裹後油炸製成。外觀也美麗好看，是柔軟蝦芋搭配海鮮的美味油炸物。

●材料和作法請參閱139頁

鮑魚寄居蟹的健康可樂餅

油炸

把鮑魚的肉身及腸泥及豆腐渣為主體的材料混合，做成可樂餅。料理名稱是因借用了鮑魚外殼，把其外殼當作寄居蟹的殼，因此而得名。

●材料和作法請參閱139頁

唐揚炸

海鮮煎餅

材料和作法請參閱139頁

煎餅是指，把材料敲薄延展再油炸的食品。這道料理是採用真蛸（俗稱「普通章魚」）、鮮蝦、鯛魚、鮑魚等海鮮做成煎餅。敲薄時，可用太白粉取代麵粉撒在上面，能使油炸的口感更酥脆。

鯛魚斜切成薄片。其他魚種也同樣切薄片。

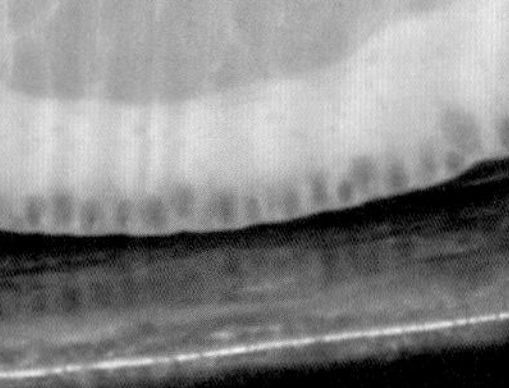

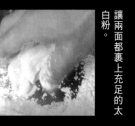

讓兩面都裹上充足的太白粉。

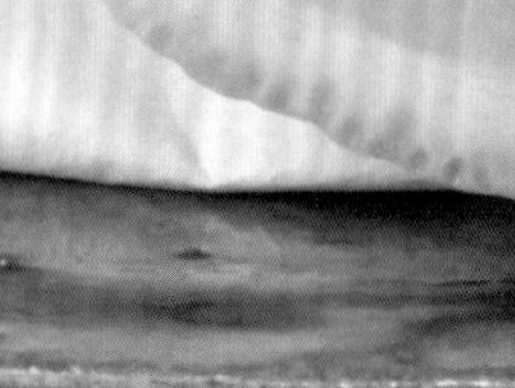

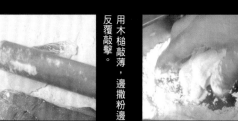

用木槌敲薄，邊撒粉邊反覆敲擊。

讓它徹底變薄延展成無法還原的狀態為止。

其他

羅勒和起司的炸湯圓

黏稠的湯圓糯米糊所包覆的是起司、羅勒、培根等。使用紅砂糖的擺盤也能引起饕客的興趣。

材料和作法請參閱139頁

立田炸

炸醬油雞胗

劃了幾道深切紋的雞胗，一經油炸，便如花朵盛開般綻放。在剛炸好的雞胗上撒些山椒粉，能使香氣更佳，適合搭配啤酒或紹興酒。

材料和作法請參閱140頁

雞胗上劃幾道直斜紋或橫斜紋，然後浸在醃漬醬汁裡。

其他

白春捲

材料和作法請參閱140頁

把干貝和米粉等用米紙捲起來，淋上花生醬，做成民族風的創意炸物。

其他

蠶豆、橄欖和鮮蝦岩石炸丸

材料和作法請參閱140頁

結合了蠶豆、番茄、橄欖這些被認為是義大利料理的食材。搭配以羅勒和肉荳蔻混合精鹽做成的草本鹽食用，風味更佳。

油炸

巨無霸蘑菇和牛肉的千層酥

材料和作法請參閱140頁

巨無霸蘑菇的香味和口感與普通大小的蘑菇並無差異。發揮它體型的長處，疊上牛肉，做成酥脆的千層酥風味。

天婦羅

蟹肉雜燴捲

以蔬菜和弄碎的豆腐做成「雜燴」，再把雜燴當作芯，用蟹肉棒捲起來，再沾裹薄麵衣做成天婦羅。是可以吃出滿足感的油炸物。

●材料和作法請參閱141頁

外層整齊排放蟹肉棒。

壽司捲簾上鋪一層保鮮膜，把雜燴食材捲起來。

油炸

南瓜雞肉夾心炸

以冬粉取代麵包粉做成麵衣的創意油炸料理。雖是南瓜包覆雞肉的油炸物，但雞肉內隱約透出的葡萄乾甜味，才更是一大亮點。

●材料和作法請參閱141頁

唐揚炸

比目魚的中式燴料理

材料和作法請參閱141頁

以唐揚炸方式烹調比目魚，再淋上豐富的蔬菜中華餡料。比目魚要用稍高溫的熱油炸出微焦色，帶出香氣。

天婦羅

筊白筍的石籠炸

材料和作法請參閱141頁

石籠是指粗編的圓筒型籠子。把筊白筍挖洞，讓它看起來像石籠，做出別有趣味的天婦羅。

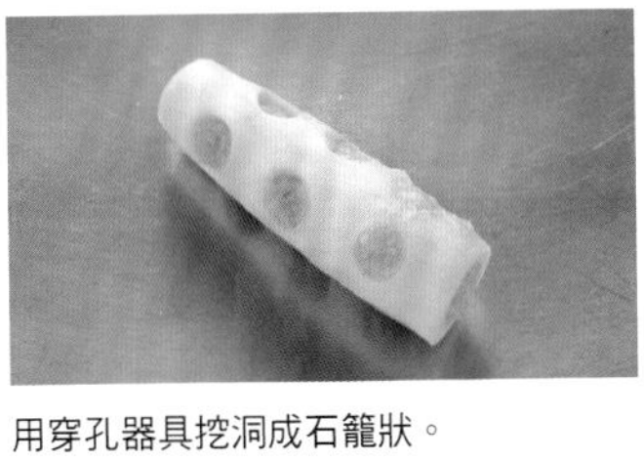

用穿孔器具挖洞成石籠狀。

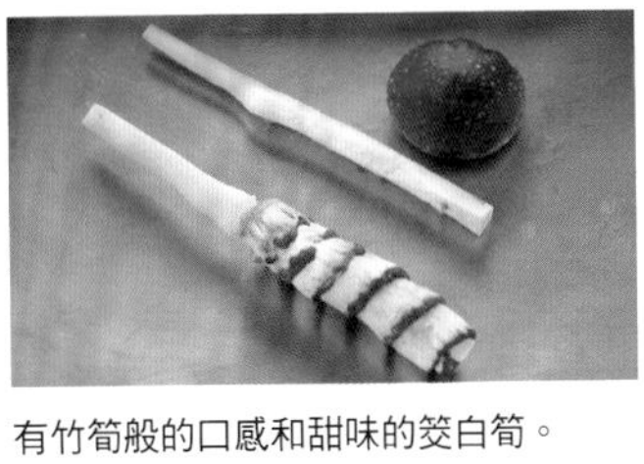

有竹筍般的口感和甜味的筊白筍。

天婦羅

水果天婦羅拼盤

●材料和作法請參閱142頁

作為甜點食用的天婦羅，其酸甜滋味及清爽餘韻，讓人一吃愛上。最符合這個條件的，莫過於水果。照片中的天婦羅拼盤包括有火龍果、鳳梨、香蕉、蘋果。其中，鳳梨搭配奶黃醬（卡士達醬）食用，其他則搭配巧克力醬食用。

天婦羅

餡皮冰淇淋的天婦羅

冰淇淋天婦羅是頗受喜愛的甜點料理，但製作上卻得和緊迫的時間比賽。用高溫熱油快速油炸是一大訣竅。

材料和作法請參閱142頁

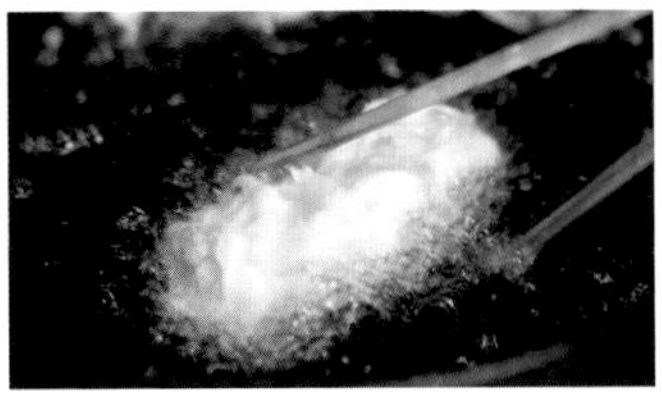

放進180℃的熱油裡，麵衣一凝固就立刻夾起來。

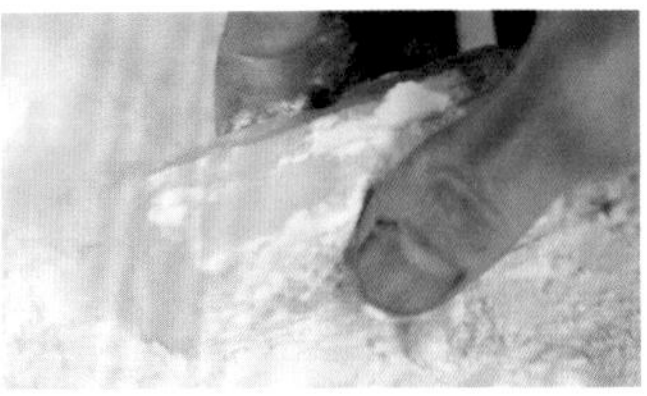

先以薄薄的一層麵粉當底，再沾裹天婦羅麵衣。

把餡皮冰淇淋一個一個切開。

天婦羅

香草冰淇淋的天婦羅

使用像餡皮冰淇淋那樣沒有外皮的冰淇淋時，可能會有在油中散開的風險。可在麵衣中增加麵粉量讓它好凝固，再用180～190℃的高溫一口氣油炸。

材料和作法請參閱142頁

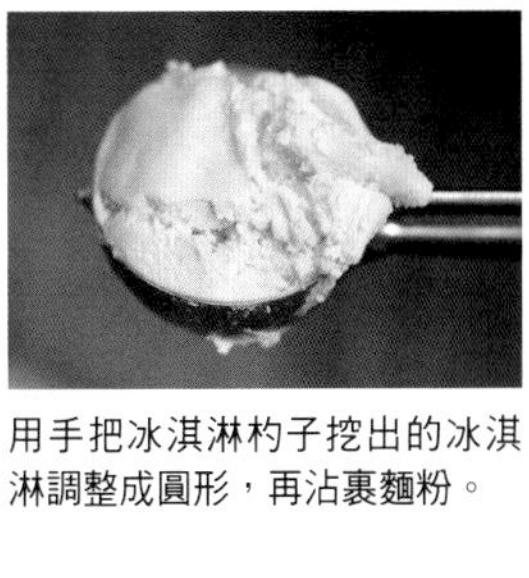

用手把冰淇淋杓子挖出的冰淇淋調整成圓形，再沾裹麵粉。

以創意製作變化豐富的油炸物材料和作法

炸油從材料中省略。

豆皮包餡與櫻桃蘿蔔

照片為P.91

○**材料**

油炸物……………………………… 適量
鵪鶉蛋（水煮）…………………… 適量
豆腐渣……………………………… 適量
櫻桃蘿蔔…………………………… 適量
薄麵衣……………………………… 適量

○**作法**

1 把油炸物的中間切開成袋子狀，並把油分瀝掉。
2 把豆腐渣放進**1**裡，再把鵪鶉蛋塞進中間位置，然後用牙籤封住切口。
3 製作薄麵衣，把**2**和櫻桃蘿蔔放進薄麵衣中沾裹一下。櫻桃蘿蔔直接連葉一起使用。
4 把炸油加熱到170℃，放入**3**油炸。
5 盛放到容器內，並把豆皮切成容易食用的大小。

白蝦仁、小干貝的炸什錦

照片為P.92

○**材料**（1人份）

白蝦仁……………………………… 15g
小干貝……………………………… 15g
洋蔥………………………………… 1/6個
鴨兒芹……………………………… 3g
麵粉、天婦羅麵衣………………… 各適量
薑花………………………………… 1/2個
山桃………………………………… 1個
薄麵衣……………………………… 適量
蝦鹽
鹽………………………………… 適量
白蝦仁的殼……………………… 適量

○**作法**

1 白蝦去外殼，用鹽水（份量外）清洗，小干貝也用鹽水清洗。洋蔥和嫩葉配合白蝦仁一起切成小塊。
2 混合**1**並撒上麵粉，再混合天婦羅麵衣。
3 把炸油加熱到170℃，放入**2**，油炸但避免出現微焦色。
4 盛放到容器內，擺放用薄麵衣油炸的薑花和山桃，可沾蝦鹽一起食用。

※蝦鹽，是將烤箱烘烤的白蝦殼研磨成粉末後和鹽混合而成的調味品。

生火腿和無花果的天婦羅

照片為P.90

○**材料**

生火腿（切薄片）………………… 適量
無花果……………………………… 適量
天婦羅麵衣………………………… 適量
天婦羅沾醬汁、檸檬、白蘿蔔泥
……………………………………… 各適量

○**作法**

1 無花果去皮，切成一口的大小。
2 用生火腿捲起**1**的無花果，在約1周半的位置切開。
3 在**2**沾裹天婦羅麵衣，放入加熱到170℃的炸油中，油炸至表面出現酥脆感的程度。
4 盛放到容器內，擺放檸檬和白蘿蔔泥，可沾上天婦羅沾醬汁食用。

櫻花蝦脆皮鮮蝦

照片為P.91

○**材料**

日本對蝦…………………………… 適量
櫻花蝦……………………………… 適量
麵粉、蛋白………………………… 各適量
小茄子、海蘆筍…………………… 各適量
峇里島的鹽………………………… 適量

○**作法**

1 日本對蝦水洗後去掉外殼和腸泥。
2 用麵粉薄薄撒在**1**上以預防黏手，再到融解打散的蛋白裡涮一下。
3 把櫻花蝦鋪放在烤盤上，讓**2**沾上滿滿的櫻花蝦。這時，不要讓蝦尾部分沾裹到。
4 把炸油加熱到170℃，放入**3**，油炸至櫻花蝦出現酥脆感為止。
5 盛放到容器內，用天婦羅麵衣油炸的小茄子和海蘆筍，可沾峇里島的鹽一起食用。

錦線包裹帆立貝的炸物

照片為P.93

◯材料（1人份）

帆立貝……………………………… 1個
洋蔥……………………………… 1/6個
鴨兒芹……………………………… 適量
蛋……………………………… 適量
雞蛋精
- 蛋黃……………………………… 1個
- 沙拉油……………………………… 1/2大匙
- 洋芥子……………………………… 少許

薄麵衣……………………………… 適量
帝王蟹（鱈場蟹）（蟹肉棒）、
白身魚的碎末、青辣椒………… 各適量
杏仁薄片……………………………… 適量
煎煮沾醬汁
- 鰹魚高湯……………………………… 60ml
- 濃醇醬油……………………………… 10ml
- 味醂……………………………… 10ml
- 鰹魚片……………………………… 適量

楓葉泥……………………………… 適量

◯作法

1. 煎好薄蛋皮備用。
2. 在帆立貝上輕撒一些鹽（份量外），混合洋蔥、鴨兒芹、雞蛋素，用**1**包裹起來再用鴨兒芹綁住。
3. 把炸油加熱到170℃，在**2**上沾裹薄麵衣後放入油炸。
4. 帝王蟹的蟹肉棒上薄薄塗上白身魚的碎末，沾裹杏仁薄片油炸。青辣椒則直接清炸。
5. 把**3**盛放到容器內，搭配**4**再擺放稻穗作裝飾，添加楓葉泥和煎煮醬汁後完成。

甜蝦仁和百合根的炸什錦

照片為P.93

◯材料（1人份）

甜蝦仁……………………………… 25g
百合根……………………………… 10g
鴨兒芹……………………………… 3g
天婦羅麵衣……………………………… 適量
茼蒿（葉）……………………………… 1片
蛋黃醬油
- 煎煮沾醬汁
  - 鰹魚高湯……………………………… 60ml
  - 濃醇醬油……………………………… 10ml
  - 味醂……………………………… 10ml
  - 鰹魚片……………………………… 適量
- 蛋黃……………………………… 適量

◯作法

1. 甜蝦去殼，混合鬆開的百合根、切成短段的鴨兒芹，沾裹天婦羅麵衣。
2. 把炸油加熱到170℃，放入**1**油炸。
3. 盛放到容器內，搭配清炸的茼蒿，再擺放蛋黃醬油作沾醬汁就完成了。

※蛋黃醬油，是把蛋黃加到煎煮沾醬汁的調味品。

海鰻萩花白扇炸

照片為P.92

◯材料（1人份）

海鰻………………………… 7cm的切片2塊
花穗紫蘇、嫩葉………………………… 適量
蛋白、太白粉、水………………………… 各適量
松茸、蠶豆………………………… 各適量
薄麵衣………………………… 適量
煎煮沾醬汁
- 鰹魚高湯………………………… 60ml
- 濃醇醬油………………………… 10ml
- 味醂………………………… 10ml
- 鰹魚片………………………… 適量

楓葉泥………………………… 適量

◯作法

1. 把海鰻切開去骨，切成7cm長，輕沾一些太白粉。
2. 混合蛋白、水、太白粉，加入花穗紫蘇和嫩葉，製作麵衣。
3. 把炸油加熱到170℃，在**1**上沾裹**2**後放入油炸。
4. 盛放到容器內，搭配用薄麵衣油炸的松茸和蠶豆，再放一些楓葉泥和煎煮沾醬汁，就完成了。

※楓葉泥，是在白蘿蔔中挖開一個洞把辣椒刺進去後磨成泥的調味品，也可以在白蘿蔔泥上撒一些炒過的辣椒混合製成。

甘鯛霰炸物

照片為P.93

◯材料（1人份）

甘鯛………………………… 6cm的大小
麵粉、蛋白、雪餅（小煎餅）…… 各適量
蝦芋、南瓜、茄子………………………… 各適量
銀勾芡湯汁
- 鰹魚高湯………………………… 140ml
- 薄鹽醬油………………………… 10ml
- 味醂………………………… 10ml
- 水溶解的吉野葛………………………… 適量

洋蔥細絲、嫩葉………………………… 各適量

◯作法

1. 甘鯛以三片刀法※切開、去骨，再輕撒一些鹽（份量外）。切成6cm長，肉側撒上麵粉、蛋白、小煎餅碎末。
2. 把炸油加熱到170℃，放入**1**，油炸至出現明顯的焦色。
3. 蝦芋去皮，用洗米水汆燙。把蝦芋、南瓜、茄子對齊甘鯛的形狀切開，放入清炸。
4. 把**3**重疊地盛放到容器內，上面擺放甘鯛，再製作銀勾芡湯汁淋上，最後把洋蔥細絲和嫩葉擺放在最上層就完成了。

（※譯註：三片刀法請參照P.64說明。）

油炸蝦肉碎末吐司

照片為P.94

○材料（4人份）

吐司……………………………… 1片
蝦仁碎末………………………… 230g
調味料
- 背脂…………………………… 15g
- 鹽……………………………… 2g
- 雞粉…………………………… 1g
- 蛋白…………………………… 1個的量
- 太白粉………………………… 12g
- 麵粉…………………………… 10g
- 胡麻油、蔥油………………… 各少許

香菜、長蔥、紅椒、青椒……… 各適量

○作法

1 混合蝦仁碎末和調味料，充分混合攪拌到出現黏稠感。
2 把吐司切成5cm的塊狀，再把**1**放在吐司上，上面再擺上香菜。
3 把炸油加熱到180℃，把**2**有蝦仁碎末的那一面先放入熱油中，大約油炸4分鐘。
4 盛放到容器內，擺放切成細絲並用水洗淨的長蔥、香菜、青椒就完成了。

酥脆的帶骨雞腿排

照片為P.94

○材料（4人份）

雞腿肉（帶骨）………………… 1隻
調味料
- 鹽……………………………… 7g
- 酒、水………………………… 各13g
- 長蔥（切碎）………………… 少許
- 生薑（磨成泥）……………… 少許
- 山椒…………………………… 少許

糖漿
- 水……………………………… 135ml
- 砂糖…………………………… 6g
- 糖漿…………………………… 1小匙

梅醬
- 砂糖…………………………… 55g
- 醋……………………………… 15g
- 梅肉…………………………… 30g

萵苣、胡蘿蔔、白蘿蔔、紫洋蔥、
嫩葉、西洋芹、山蘿蔔………… 各適量

○作法

1 把帶骨的雞腿肉切開，將調味料搓揉入味，再壓上重石靜置一天。
2 混合糖漿的材料煮沸，輕抹在清洗乾淨的**1**上，放3小時晾乾。
3 用微波爐加熱**2**約8分鐘後，用190℃的炸油油炸約1分半鐘。
4 切成容易食用的大小後放到容器內，搭配蔬菜擺放，放梅子醬作為沾醬就完成了。

炸肉捲

照片為P.95

○材料（4人份）

油炸物…………………………… 2片
內餡食材
- 豬絞肉………………………… 225g
- 芹菜（切成碎末）…………… 45g
- 青蔥（切成細末）…………… 18g
- 生薑（磨成泥）……………… 2g
- 蛋白…………………………… 9g
- 豬肉精………………………… 1g
- 蠔油…………………………… 10g
- 鹽……………………………… 2g
- 砂糖…………………………… 3g
- 胡椒…………………………… 1g
- 胡麻油、蔥油………………… 各3g
- 湯……………………………… 7g
- 酒……………………………… 3g

太白粉…………………………… 35g
菠菜、小黃瓜、柳橙…………… 各適量

○作法

1 油炸物打開，橫切對半。
2 混合內餡食材充分攪拌，沾裹太白粉。
3 把**1**攤開，把**2**放在**1**上當作芯捲起來。
4 把炸油加熱到180℃，放入**3**，油炸約4分鐘。
5 盛放到容器內，擺放氽燙過的菠菜、小黃瓜、柳橙就完成了。

豆皮捲

照片為P.95

○材料（4人份）

豆皮……………………………… 1片
蝦仁碎末………………………… 230g
背脂……………………………… 15g
鹽………………………………… 3g
雞粉……………………………… 1g
蛋白……………………………… 1個的量
胡麻油…………………………… 少許
蔥油……………………………… 少許
太白粉…………………………… 12g
麵粉……………………………… 10g
柳橙、西洋芹、長蔥、青椒、
胡蘿蔔…………………………… 各適量

○作法

1 把蛋白打發出泡沫，做成蛋白酥皮。
2 把蝦仁碎末大略切碎，混合背脂，充分攪拌至出現黏稠感為止。
3 把鹽、雞粉、胡麻油、蔥油放入**2**中，輕輕攪拌。
4 把**1**的蛋白酥皮放進**3**裡，加入太白粉、麵粉，充分攪拌。
5 把**4**用豆皮捲起來，兩端沾上麵粉（份量外）做的麵糊。
6 把炸油加熱到180℃，放入**5**油炸。
7 切成容易食用的大小盛放到容器內，擺放柳橙和蔬菜就完成了。

南瓜、毛豆、金槍魚的可樂餅

照片為P.96

○材料（4人份）

南瓜……………………………… 1/2個
洋蔥……………………………… 1/2個
金槍魚（罐頭裝）……………… 2大匙
毛豆……………………………… 30g
鹽、胡椒………………………… 各少許
蛋………………………………… 1個
麵粉、麵包粉…………………… 各適量

○作法

1 取出南瓜的內籽，削掉硬皮的部分，用蒸具蒸約12分鐘，然後移放到攪拌盆內，趁熱搗碎。
2 洋蔥切碎，和金槍魚一起用平底鍋快速拌炒一下，然後撒一點鹽和胡椒，放入汆燙過且剝掉外皮的毛豆。
3 混合**1**和**2**再分成8等分做成圓形，依序沾裹麵粉、蛋液、麵包粉。
4 把炸油加熱到170℃，放入**3**，油炸至麵衣表面出現微焦色為止。
5 盛放到容器內，可依個人喜好選擇美乃滋、番茄奶醬、番茄醬等作為沾醬。

石斑魚的醋漬野味風

照片為P.97

○材料（4人份）

石斑魚…………………………… 8尾
長蔥……………………………… 1根
紅甜椒、黃甜椒………………… 各1/3個
鷹爪椒…………………………… 少許
調味醬汁
- 高湯……………………………… 200ml
- 白葡萄酒………………………… 100ml
- 醋………………………………… 60ml
- 細砂糖…………………………… 20g
- 鹽………………………………… 1小匙
- 月桂葉…………………………… 1片

麵粉……………………………… 適量

○作法

1 去除石斑魚側面從腹部至尾部的鋸齒狀鱗，清除魚鰓和腸泥，然後用水洗淨再擦拭掉水分，兩面各劃上3條切痕。
2 把炸油加熱到170～180℃，在**1**上撒一些麵粉，油炸至連魚骨都酥脆可食為止。
3 用烤箱烘烤長蔥，把甜椒切成細絲用平底鍋拌炒一下。
4 把**2**、**3**放在烤盤上，隨意撒上鷹爪椒，加熱調味醬汁後傾注進去。靜置一晚讓食材入味。
5 盛放到容器內，擺出好看的造型。

炸半熟鮭魚

照片為P.96

○材料（4人份）

鮭魚（切塊）…………………… 200g
羅勒……………………………… 適量
鹽、胡椒………………………… 各少許
蛋………………………………… 1個
麵粉、麵包粉…………………… 各適量
橙汁凝露
- 橙汁……………………………… 300ml
- 去除了酒精成分的酒…………… 150ml
- 吉利丁（粉狀）………………… 5g

青辣椒、小茄子………………… 各適量

○作法

1 鮭魚輕抹一些鹽後，用專用紙巾擦拭掉，再撒上胡椒、沾裹麵粉，再依序沾裹蛋液、麵包粉。
2 把炸油加熱到170～180℃，放入**1**，只要表面炸好就可以夾起來了。
3 稍微靜置一下，切成容易食用的大小，然後盛放到容器內，淋上橙汁凝露，再擺放清炸的青辣椒和小茄子就完成了。

※橙汁凝露，是把吉利丁融解在去除了酒精成分的酒裡後，混入橙汁製成的調味品。

芋頭霰炸物

照片為P.97

○材料（4人份）

芋頭……………………………… 180g
蟹肉棒…………………………… 100g
綜合炒豆粒……………………… 30g
麵粉……………………………… 適量
蛋………………………………… 1個
煮汁
- 高湯……………………………… 400ml
- 薄鹽醬油………………………… 1小匙
- 味醂……………………………… 1大匙
- 鹽………………………………… 少許

煎煮沾醬汁（比例）
- 高湯……………………………… 6
- 味醂……………………………… 1
- 薄鹽醬油………………………… 1

○作法

1 芋頭去皮以水洗淨後，從一開始就放入煮汁中直接燉煮。
2 把**1**放在濾網（濾水盆）裡，壓碎後鋪在保鮮膜上，把蟹肉棒當作芯捲起來。
3 依序把麵粉、蛋液、綜合炒豆沾在**2**上。
4 把炸油加熱到170℃，放入**3**，油炸至表面出現適當的顏色為止。
5 盛放到容器內，擺放煎煮沾醬汁作為沾醬就完成了。

水煮大豆……………………………4個
番薯（鳴門金時）…………………100g
酸橘……………………………………2個
楓葉鹽
- 鹽……………………………………適量
- 一味辣椒粉…………………………適量

○**作法**

1. 秋刀魚以三片刀法※處理，輕撒一些鹽並靜置20分鐘。拭去水分後放入醃漬醬汁中醃漬1小時。
2. 把**1**的水氣拭去，撒上太白粉，用加熱到170℃的炸油油炸。
3. 茄子切成4等分並去皮，把果實和外皮部位分別清炸，再把皮切細，捲在當中。
4. 把栗子、銀杏、蕈菇、水煮的大豆、切成容易食用的大小的番薯，通通以清炸方式調理。
5. 盛至容器內，擺放酸橘和楓葉鹽就完成。

（※譯註：三片刀法請參照P.64說明。）

炸烏賊海味捲

照片為P.100

○**材料**（4人份）

槍烏賊（或劍魷）…………………1片
壽司海苔……………………………1片
麵粉…………………………………適量
天婦羅麵衣…………………………適量
檸檬…………………………………適量

○**作法**

1. 槍烏賊去皮、洗淨。
2. 在**1**的內側擺上海苔，然後捲起來。
3. 切成小段，撒上防黏手麵粉，沾裹天婦羅麵衣。
4. 把炸油加熱到170℃，放入**3**油炸。
5. 盛放到容器內，擺放裝飾用的切片檸檬就完成了。

蛋黃油炸鮮嫩小芋頭銀燴料理

照片為P.100

○**材料**（4人份）

小芋頭………………………………9個
太白粉………………………………10g
蛋黃…………………………………2個
銀勾芡湯汁
- 高湯………………………………150ml
- 薄鹽醬油…………………………10ml
- 味醂………………………………10ml
- 鹽…………………………………2g
- 以水溶解的太白粉………………少許

青辣椒………………………………4個

○**作法**

1. 小芋頭的下部稍微切掉一些，蒸過後去皮。
2. 用太白粉沾裹在**1**上當底（手粉），然後沾上蛋黃。
3. 把炸油加熱到160℃，放入**2**油炸。
4. 煮一下銀勾芡湯汁的食材，沸騰後放入水溶解的太白粉勾芡。
5. 把**3**盛放到容器內，擺放清炸的青辣椒，再淋上銀勾芡湯汁就完成了。

香魚唐揚炸

照片為P.98

○**材料**（4人份）

香魚…………………………………4尾
蓼葉…………………………………120g
麵粉…………………………………適量
蛋白…………………………………1個的量
鹽……………………………………20g
茄子…………………………………80g
青辣椒………………………………適量
檸檬…………………………………8片

○**作法**

1. 香魚以三片刀法※處理，再用麵粉當底（手粉）並在蛋白裡涮一下，然後在半片撒上切碎的蓼葉。
2. 把炸油加熱到170℃，放入**1**油炸，剩餘的半片和魚骨則放入清炸，再撒鹽調味。
3. 在容器內盛放炸蓼葉、清炸蓼、魚骨煎餅，再搭配清炸茄子和青辣椒，最後擺上檸檬串就完成了。

（※譯註：三片刀法請參照P.64說明。）

油炸牛肋肉和茄子的夾心

照片為P.99

○**材料**（4人份）

牛肋肉………………………………240g
茄子…………………………………120g
卡門貝爾起司………………………60g
鹽、胡椒……………………………各適量
蛋……………………………………2個
麵粉、麵包粉………………………各適量
小番茄………………………………4個
蒜苗…………………………………80g
芥末醬油
- 芥末………………………………100g
- 濃醇醬油…………………………2大匙

○**作法**

1. 把牛肉和茄子調整成相同大小、厚度，在牛肉上撒鹽和胡椒。
2. 用茄子夾牛肉，再以麵粉當手粉，依序沾裹蛋液、麵包粉。起司也以相同方式沾裹麵衣。
3. 把炸油加熱到170℃，放入**2**油炸。
4. 盛放到容器內，擺放清炸的小番茄和蒜苗，再放芥末醬油當作沾醬就完成了。

秋季的綜合炸料理

照片為P.99

○**材料**（4人份）

秋刀魚………………………………2尾
鹽……………………………………適量
醃漬醬汁
- 酒…………………………………50ml
- 薄鹽醬油…………………………50ml
- 味醂………………………………50ml
- 柚子………………………………適量

栗子…………………………………8個
銀杏…………………………………8個
蕈菇…………………………………1/3株
茄子…………………………………1個

炸鮑魚蝦餅

照片為P.101

○**材料**（4人份）

鮑魚……1個（100g）
蝦餅……50g
麵粉、蛋……各少許
青辣椒……4個

○**作法**

1 鮑魚用鹽按摩揉捏，再水洗、蒸煮。
2 把**1**切成5～6個薄片。
3 在打散的蛋液中混入麵粉，把**2**放進去涮一下，然後在上面撒蝦餅碎末。
4 把炸油加熱到170℃，放入**3**油炸。
5 盛放到容器內，搭配清炸的青辣椒就完成了。

鱚魚梅紫蘇捲

照片為P.101

○**材料**（4人份）

鱚魚……4尾
紫蘇葉……4片
梅肉……15g
帶狀海苔……（帶）4片
麵粉……適量
天婦羅麵衣……適量
檸檬……適量

○**作法**

1 鱚魚去頭切開，薄薄撒些鹽，靜置15分鐘後用水沖掉，把水氣擦乾。
2 在**1**裡夾入1/2片紫蘇葉和少許梅肉，用帶狀海苔綁起來。
3 在**2**上薄薄撒上麵粉，在天婦羅麵衣裡涮一下。
4 把炸油加熱到170℃，放入**3**，油炸至麵衣表面出現微焦色為止。
5 盛放到容器內，擺上檸檬就完成了。

炸芝麻豆腐佐彩色豆腐皮

照片為P.102

○**材料**（1人份）

芝麻豆腐（豌豆）……3個
麵粉……適量
蛋白……適量
三色豆腐絲……適量
稀釋醬油（比例）
- 濃醇醬油……3
- 高湯……1

蘆筍、小茄子……各適量

○**作法**

1 在芝麻豆腐上撒上麵粉，在蛋白裡涮一下，再撒上三色豆腐絲。
2 把炸油加熱到180℃，放入**1**，油炸至豆腐絲出現漂亮的微焦色為止。
3 盛放到容器內，搭配做成茶刷狀的小茄子、清炸的蘆筍、檸檬，再以稀釋醬油作為沾醬就完成了。

炸蛋皮高湯捲佐蟹肉燴料理

照片為P.102

○**材料**（1人份）

蛋皮高湯捲……1個
麵粉……適量
蟹肉勾芡湯汁
- 蟹肉（多層肉）……適量
- 銀勾芡湯汁……適量

楓葉泥、蔥碎末……各適量

○**作法**

1 適度調味高湯，加入蟹肉，沸騰後以水溶解的太白粉勾芡，製作蟹肉勾芡湯汁。
2 把麵粉撒在蛋皮高湯捲上，用加熱到175℃的炸油，油炸至出現微焦色為止。
3 盛放到容器內，淋上蟹肉勾芡湯汁，再擺放楓葉泥和蔥碎末就完成了。

番薯可樂餅燴咖哩

照片為P.103

○**材料**（4人份）

可樂餅
- 番薯……250g
- 梔子……4根
- 起司片（可融解類型）……2片
- 鹽、胡椒……各適量

麵粉、蛋……各適量
紅薯點心……1包
咖哩餡料
- 雞絞肉……100g
- 紅椒（切成粗段）……1/4個
- 櫛瓜（切成粗段）……1/2根
- 茄子（切成粗段）……1/2個

咖哩勾芡湯汁
- 高湯……400ml
- 濃醇醬油……40ml
- 味醂……40ml
- 砂糖……5g
- 咖哩粉……2g
- 醬油露……1大匙
- 水溶解的葛粉……適量

胡蘿蔔、番薯、細葉芹、紅椒、櫛瓜……各適量

○**作法**

1 番薯以放入梔子的熱水汆燙到出現漂亮的顏色後搗碎。
2 把起司片切小，混合到**1**裡，再以鹽和胡椒調味，做成圓形。
3 依序讓**2**沾裹上麵粉、蛋、紅薯點心。
4 製作咖哩勾芡湯汁。把葛粉以外的材料全部混合，放入餡料的食材燉煮，再以水溶解的葛粉勾芡。
5 炸油加熱到170℃，放入**3**，油炸至麵衣表面出現酥脆感為止。
6 盛放到容器內，淋上咖哩，放入**5**，再把清炸的蔬菜擺在四周，並擺放細葉芹裝飾。蔬菜包括切成星形的胡蘿蔔、切成四分之一圓的扇形番薯、切成小塊的紅椒和櫛瓜。

炸豆皮棒

照片為P.105

○材料（1人份）

嫩豆皮
………………… 1片（長12cm、寬6cm）
魚肉碎末………………………… 20g
蟹肉……………………………… 10g
大葉……………………………… 2片
雞蛋精
- 蛋黃………………………… 1個
- 沙拉油……………………… 1/2大匙
- 洋芥子……………………… 少許

九條蔥…………………………… 適量
太白粉、麵粉…………………… 各適量
薄麵衣…………………………… 適量
山藥、蓮藕、胡蘿蔔、蘆筍…… 各適量
一味美乃滋
- 美乃滋……………………… 1大匙
- 一味辣椒粉………………… 少許

○作法

1 把散開的蟹肉、切碎的大葉、雞蛋精混入魚肉碎末中。
2 把太白粉輕輕撒在嫩豆皮上，薄抹一層**1**，捲成細條狀。
3 把炸油加熱到170℃，放入**2**油炸。
4 九條蔥斜切成3cm的段狀，撒上麵粉，鋪在平坦的團子上，以170℃的熱油油炸。
5 把山藥、蓮藕、胡蘿蔔切成12cm長的1cm的段狀，連同蘆筍一起沾裹薄麵衣後油炸。
6 盛放到容器內，擺放混合後的一味美乃滋作沾醬。

日本對蝦東寺炸

照片為P.105

○材料（1人份）

日本對蝦………………………… 2尾
豆皮……………………………… 少許
楤芽……………………………… 適量
蛋白、蛋黃、麵粉……………… 各適量
檸檬鹽
- 鹽…………………………… 50g
- 檸檬汁……………………… 1/4個的量

○作法

1 剝除日本對蝦的尾殼，去掉腸泥，輕撒一些鹽（份量外）後水洗，用紙巾拭去水分再把蝦子彎摺捲起，然後依序沾裹麵粉、蛋白，再撒上切碎的豆皮。
2 把炸油加熱到160～170℃，放入**1**油炸並避免炸出焦色。
3 把楤芽污損的部分切掉，沾裹麵粉和蛋黃混合的麵衣後油炸。
4 把**2**、**3**盛放到容器內，擺放檸檬鹽作沾醬就完成了。

※檸檬鹽，是鹽和檸檬汁混合後開火拌炒。

箬鰨魚的梅香油炸料理

照片為P.103

○材料（1人份）

箬鰨魚（磨成泥狀）……………… 1片
鹽………………………………… 少許
大葉……………………………… 1片
調味味噌（比例）
- 綜合味噌…………………… 2
- 梅肉………………………… 1

蛋………………………………… 1個
麵粉、麵包粉…………………… 各適量
生菜葉、小番茄、櫻桃蘿蔔、
檸檬……………………………… 各適量

○作法

1 箬鰨魚從中間左右切開，撒鹽。
2 把大葉放在**1**上，以2比1的比例混合各種味噌和梅肉，然後塗抹上去並捲起來，之後用竹籤固定。
3 把麵粉撒在**2**上，再依序沾裹蛋和麵包粉的麵衣。
4 把炸油加熱到170℃，放入**3**，油炸至麵衣表面出現酥脆感為止。
5 盛放到容器內，擺放生菜、櫻桃蘿蔔、小番茄、檸檬作搭配。

雪花蓮藕夾心天婦羅

照片為P.104

○材料（1人份）

蓮藕……………………………… 1cm
蝦仁碎末………………………… 10g
太白粉…………………………… 少許
薄麵衣…………………………… 適量
煎煮沾醬汁
- 鰹魚高湯…………………… 60ml
- 濃醇醬油…………………… 10ml
- 味醂………………………… 10ml
- 鰹魚片……………………… 適量

小茄子、青辣椒、楓葉泥………… 各適量

○作法

1 把蓮藕切成雪花形狀，切成5mm厚的薄片。
2 在雪花蓮藕上薄撒一層太白粉，然後放上蝦仁碎末並撒上太白粉，再疊上蓮藕。
3 把炸油加熱到170℃，讓**2**沾裹薄麵衣再放入油炸。
4 盛放到容器內，擺放楓葉泥、清炸的茶刷茄子、清炸的青辣椒，再以煎煮沾醬汁作為沾醬就完成了。

炸白身魚紫蘇海味

照片為P.106

○**材料**（4人份）

白身魚（鯛）………………… 360g
梅醬……………………………… 120g
大葉……………………………… 12片
海苔碎末………………………… 適量
蛋白……………………………… 2個的量
麵粉、鹽………………………… 各適量
檸檬……………………………… 適量

○**作法**

1 把白身魚切成12片（1片30g），薄抹一層鹽，再把水分拭去。
2 把梅醬捲在大葉裡。
3 把防黏麵粉（手粉）抹在**1**上，捲入**2**，然後在蛋白裡涮一下，再撒上海苔碎末。
4 把炸油加熱到170℃，放入**3**油炸。
5 盛放到容器內，擺上檸檬就完成了。

Pinchos炸串

照片為P.107

○**材料**（4人份）

起司……………………………………… 60g
小番茄、香菇………………………… 各4個
魚肉碎末……………………………… 40g
鮮蝦…………………………………… 4尾
芋頭…………………………………… 4個
燉煮章魚、南瓜、櫛瓜、雞肉…… 各40g
燉煮豬肉塊…………………………… 80g
鵪鶉蛋………………………………… 4個
蛋……………………………………… 4個
麵粉、麵包粉………………………… 各適量
義大利香醋醬、精鹽………………… 各適量

○**作法**

1 把芋頭和南瓜煮熟，切成和其他食材差不多的大小，照以下組合穿刺成串。小番茄和起司、塞滿魚肉碎末的香菇和鮮蝦、燉煮章魚和芋頭與南瓜、櫛瓜和雞肉、燉煮豬肉塊和鵪鶉蛋與蛋。
2 這5組各自沾裹麵粉、蛋液、麵包粉，然後油炸。
3 盛放到容器內，撒上精鹽並淋上黑醋醬就完成了。

蟹肉佐起司的和風春捲

照片為P.106

○**材料**（4人份）

蟹肉（棒）…………………………… 4根
起司（片狀）………………………… 2片
蓮藕…………………………………… 20g
胡蘿蔔………………………………… 20g
木耳…………………………………… 10g
木綿豆腐……………………………… 1/4塊
山藥（磨成泥）……………………… 10g
蛋白…………………………………… 少許
柚子味噌……………………………… 適量
嫩豆皮………………………………… 4片
麵粉…………………………………… 適量
香菇…………………………………… 4個
青辣椒………………………………… 4根

○**作法**

1 木綿豆腐瀝水過篩，和磨成泥的山藥、蛋白混合，再加入柚子味噌並調味。
2 把蓮藕、胡蘿蔔、木耳切成粗段，汆燙後混入**1**裡。
3 用麵粉抹在嫩豆腐上以預防黏手，再把**2**鋪在上面，然後把蟹肉和起司當作芯捲在裡面。
4 把炸油加熱到170℃，放入**3**油炸。
5 切半並盛放到容器內，擺放清炸的香菇和青辣椒就完成了。

炸海鰻佐海膽膏捲

照片為P.107

○**材料**（4人份）

海鰻…………………………………… 400g
生海膽………………………………… 1包
蕈菇…………………………………… 40g
舞菇…………………………………… 40g
銀杏…………………………………… 8個
百合根………………………………… 8片
胡蘿蔔………………………………… 40g
南瓜…………………………………… 40g
鮮奶油………………………………… 100ml
黃油…………………………………… 20g
春捲皮………………………………… 4片
蛋白…………………………………… 1個的量
麵粉、天婦羅麵衣…………………… 各適量

○**作法**

1 蘑菇和蔬菜用黃油輕輕拌炒。
2 生海膽過篩後混入鮮奶油，再加到**1**裡，以鹽和胡椒（份量外）調味，再用春捲皮包起來。
3 在去骨海鰻的兩面沾裹麵粉。
4 在**2**上沾裹麵粉，放進蛋白涮一下，當作芯用**3**的海鰻捲起來。
5 把炸油加熱到170℃，放入沾裹了天婦羅麵衣的**4**油炸。
6 切成容易食用的大小，盛放到容器內。

鮮蝦馬鈴薯創意蓑衣炸

照片為P.107

○材料（4人份）

馬鈴薯……………………………… 2個
鮮蝦………………………………… 8尾
蛋白………………………………… 3個的量
麵粉………………………………… 適量
甘長辣椒…………………………… 4根
檸檬………………………………… 1/2個
柚子
- 精鹽……………………………… 適量
- 柚子皮…………………………… 適量

○作法

1. 馬鈴薯去皮切成細絲，水洗後瀝乾水氣，排列整齊。
2. 鮮蝦剝除外殼和腸泥，拉長後撒上麵粉，在蛋白裡涮一下，放在**1**的上面。
3. 馬鈴薯撒上充足的麵粉，捲起來，捲末處沾一點蛋白固定
4. 把炸油稍微加熱（低溫油即可），放入**3**油炸。
5. 把清炸的甘長辣椒一起盛放到容器內，再添加檸檬和柚子鹽作為沾醬，就完成了。

※柚子鹽，是先煎煮磨成泥的柚子皮並切細，再混入精鹽的調味品。

白帶魚的筒炸料理

照片為P.108

○材料（1人份）

白帶魚（帶皮的上側魚肉）…… 15cm的量
山藥、蘆筍、小番茄、蒟蒻…… 各適量
麵粉………………………………… 適量
天婦羅麵衣、薄麵衣…………… 各適量
芝麻風味天婦羅沾醬汁
- 天婦羅沾醬汁…………………… 20ml
- 鰹魚高湯………………………… 50ml
- 濃醇醬油………………………… 5ml
- 薄鹽醬油………………………… 5ml
- 味醂……………………………… 10ml
- 胡麻醬汁………………………… 10ml

○作法

1. 白帶魚用三片刀法※剖開，切成15cm。白蘿蔔（份量外）削成圓柱狀，做出造型，再把帶魚捲上去。
2. 把炸油加熱到170℃，在**1**上撒一些麵粉並沾裹天婦羅麵衣後，放進鍋裡油炸，再把白蘿蔔取出。
3. 把**2**盛放到容器內，擺放用薄麵衣油炸的山藥、蘆筍、小番茄、蒟蒻，並準備芝麻風味的天婦羅沾醬汁作為沾醬就完成了。

※芝麻風味天婦羅沾醬汁，是由份量內的鰹魚高湯和調味料製作天婦羅沾醬汁，再混入胡麻醬汁製成的調味品。

（※譯註：三片刀法請參照P.64說明。）

炸一夜干

照片為P.108

○材料（1人份）

河豚（一夜干）………………… 適量
烏賊（一夜干）………………… 適量
壺鯛（一夜干）………………… 適量
鮭魚魚干………………………… 適量
小香魚…………………………… 適量
海鰍（一夜干）………………… 適量
薄麵衣…………………………… 適量
檸檬……………………………… 適量

○作法

1. 把一夜干各自切成容易食用的大小，沾裹薄麵衣，用加熱到170℃的炸油油炸。
2. 盛放到容器內，擺上檸檬就完成了。

玉米岩石炸丸

照片為P.109

○材料（1人份）

玉米……………………………… 15g
魚肉碎末………………………… 20g
山藥（銀杏芋）………………… 5g
蛋白……………………………… 1/2個的量
太白粉…………………………… 適量
苦瓜、河蝦……………………… 各適量
黃油醬油
- 鰹魚高湯………………………… 60ml
- 濃醇醬油………………………… 10ml
- 味醂……………………………… 10ml
- 黃油……………………………… 25g

○作法

1. 把玉米連皮一起蒸約20分鐘左右，把玉米粒剝下來，和魚肉碎末、磨成泥的山藥、蛋白混合。
2. 把**1**做成各20g的圓球狀，並各自沾裹太白粉。
3. 把炸油加熱到170℃，放入**1**，油炸並避免出現焦色。
4. 盛放到容器內，擺放清炸的苦瓜和河蝦，再放上黃油醬油作為沾醬就完成了。

※黃油醬油，是把黃油放入溫高湯中融化的調味品。

酥炸目光魚

照片為P.109

○**材料**（1人份）

目光魚……………………………… 適量
紫蘇、黑芝麻、白芝麻…………… 各適量
蛋白、麵粉………………………… 各適量
海蘊………………………………… 適量
天婦羅麵衣………………………… 適量
番茄鹽
　鹽………………………………… 5g
　番茄粉…………………………… 5g

○**作法**

1 以水洗淨目光魚，切掉魚頭並用鹽清洗。
2 把**1**沾裹2種麵衣油炸。首先，抹上紫蘇，用加熱到170℃的炸油油炸。
3 接下來撒上麵粉，在蛋白中涮一下，再把黑芝麻和白芝麻混合後沾裹上去，以170℃的炸油油炸。
4 把海蘊切短，和天婦羅麵衣混合，調整形狀後油炸。
5 把**2**、**3**、**4**盛放到容器內，擺上番茄鹽作為沾醬就完成了。

栗子和沙丁魚的岩石炸丸

照片為P.109

○**材料**（1人份）

栗子（煮過的栗子）……………… 2個
沙丁魚碎末………………………… 適量
青蔥（切成細末）………………… 適量
大葉（切碎）……………………… 適量
生薑汁……………………………… 適量
小煎餅、麵粉、蛋白……………… 各適量
馬齒莧、長蔥、紅蓼……………… 各適量
醬油粉……………………………… 適量

○**作法**

1 把青蔥、大葉、生薑搾汁混入沙丁魚碎末中。
2 用**1**包覆栗子，做成單個25g左右的丸子。依序沾裹麵粉、蛋白、弄碎的小煎餅。
3 把炸油加熱到170℃，放入**2**，油炸至麵衣表面出現酥脆感為止。
4 盛放到鋪有蔥白細絲、馬齒莧、紅蓼的容器內，擺上醬油粉作為沾醬就完成了。

鹽醃鯖魚天婦羅

照片為P.110

○**材料**

鯖魚醃漬物………………………… 適量
麵粉………………………………… 適量
天婦羅麵衣………………………… 適量
青蔥………………………………… 適量
酸橘………………………………… 適量

○**作法**

1 把鯖魚醃漬物切成容易食用的大小，用麵粉當作手粉打底後，沾裹天婦羅麵衣。
2 把炸油加熱到170℃，放入**1**油炸。
3 盛放到容器內，擺放天婦羅麵衣油炸的青蔥和酸橘就完成了。

烤製品和迷你胡蘿蔔天婦羅

照片為P.110

○**材料**

烤製品……………………………… 適量
迷你胡蘿蔔………………………… 適量
麵粉………………………………… 適量
天婦羅麵衣………………………… 適量
金針草（萱草）…………………… 適量

○**作法**

1 用麵粉做烤製品和迷你胡蘿蔔的打底手粉，沾裹天婦羅麵衣。
2 把炸油加熱到170℃，放入**1**油炸。
3 把烤製品對切成半盛放到容器內，再擺放迷你胡蘿蔔的天婦羅和清炸的金針草。

似鮮肉的大豆天婦羅

照片為P.111

○**材料**（4人份）

大豆加工品（「似鮮肉的大豆料理（肉らしい豆な嫁）」）………… 適量
麵粉………………………………… 適量
天婦羅麵衣………………………… 適量
青辣椒……………………………… 適量

○**作法**

1 用麵粉放在大豆加工品（「似鮮肉的大豆料理（肉らしい豆な嫁）」）上當底，再沾裹天婦羅麵衣。
2 把炸油加熱到170℃，放入**1**油炸。
3 盛放到容器內，擺放青辣椒的天婦羅就完成了。

豆腐麻糬和櫻桃蘿蔔

照片為P.111

○**材料**

豆腐麻糬…………………………… 適量
櫻桃蘿蔔…………………………… 適量
麵粉………………………………… 適量
天婦羅麵衣………………………… 適量
蕈菇………………………………… 適量
豆腐美乃滋………………………… 適量

○**作法**

1 用麵粉撒在豆腐麻糬和櫻桃蘿蔔上當底，再沾裹天婦羅麵衣。
2 把炸油加熱到170℃，放入**1**油炸。
3 把豆腐麻糬、櫻桃蘿蔔的天婦羅、以相同麵衣油炸的蕈菇等，一起盛放到容器內，再擺放豆腐美乃滋作為沾醬就完成了。

※豆腐美乃滋，是以豆腐為原料製作的美乃滋。

炸零余子豆餡包

照片為P.112

○**材料**（1人份）

零余子（珠芽、山藥豆）……適量
魚肉碎末…………………………20g
銀杏芋（山藥）………………5g
蛋白………………………………1/2個的量
太白粉……………………………適量
豆餡外皮…………………………1組
雞蛋麵……………………………適量
抹茶鹽
　抹茶（綠抹茶粉）…………3g
　鹽…………………………………8g
　甜味調味料……………………2g

○**作法**

1 混合魚肉碎末、磨成泥的銀杏芋（山藥）、蛋白、太白粉。
2 把零余子放在昆布（份量外）上蒸約15分鐘，剝皮。然後和**1**混合，塞到豆餡外皮裡，用加熱到170℃的炸油油炸。
3 把白蘿蔔（份量外）削成栗子的形狀，再把**1**薄薄地抹在周圍，裹上切成約1cm長的雞蛋麵，用加熱到170℃的炸油油炸，並避免外層出現焦色。油炸後，把裡面的白蘿蔔取出。
4 把**2**和**3**盛放到容器內，擺上抹茶鹽作為沾醬就完成了。

※抹茶鹽是把抹茶混入精鹽裡的調味品。

酪梨和起司的炸什錦

照片為P.113

○**材料**（1人份）

酪梨……………………………………1/2個
起司……………………………………10g
毛豆……………………………………10粒
紅甜椒、黃甜椒……………………各2/8
天婦羅麵衣…………………………適量
酸橘……………………………………1/2個
山椒鹽（比例）
　山椒粉……………………………2
　鹽……………………………………8
　甜味調味料………………………少許

○**作法**

1 酪梨、起司、甜椒各自切成約1.5～2cm的塊狀。酪梨先淋上檸檬汁（份量外）去澀備用。
2 把**1**和毛豆放進天婦羅麵衣裡，做成一個個一口的大小，放進炸油中，以170℃油炸。
3 盛放到容器內，擺放酸橘和山椒鹽就完成了。

※山椒鹽是把精鹽混入到山椒粉內的調味品。

炸根菜佐辣醬

照片為P.112

○**材料**

蓮藕……………………………………適量
胡蘿蔔…………………………………適量
馬鈴薯…………………………………適量
牛蒡……………………………………適量
番薯……………………………………適量
薄麵衣…………………………………適量
辣醬
　砂糖…………………………………1/2杯
　紅辣椒………………………………5根
　大蒜（磨成泥）…………………1片
　醋……………………………………120ml
　魚露…………………………………40ml
　水溶解的太白粉
　　太白粉……………………………1小匙
　　水…………………………………2小匙

○**作法**

1 蓮藕、胡蘿蔔、馬鈴薯、牛蒡、番薯切成長6cm、1cm的塊狀。
2 把炸油加熱到170℃，讓**1**各自沾裹麵衣後放入油炸。
3 把**2**盛放到容器內，擺放辣醬作為沾醬。

※辣醬，是先把食材（水溶解的太白粉除外）煮沸，再用水溶解的太白粉勾芡做成的調味品。

炸塔塔鮮蝦

照片為P.113

○**材料**（1人份）

鮮蝦……………………………………2尾
鹽、胡椒……………………………各適量
馬鈴薯…………………………………1/2個
洋蔥……………………………………1/4個
水煮蛋…………………………………1個
美乃滋…………………………………1大匙
辣醬油…………………………………適量
洋芥子…………………………………1小匙
麵粉、蛋液、麵包粉………………各適量
蘆筍……………………………………適量

○**作法**

1 蝦子去除腸泥，切開腹部撒上鹽和胡椒。
2 馬鈴薯連皮一起蒸，然後把皮剝掉並搗碎。
3 洋蔥和水煮蛋切碎。
4 充分混合**2**和**3**，再加入美乃滋、辣醬油、洋芥子調味。
5 用**4**包裹**1**的蝦子並調整成圓形，依序沾裹麵粉、蛋液、麵包粉。
6 把炸油加熱到170℃，放入**5**油炸。
7 盛放到容器內，擺放清炸的蘆筍就完成了。

鰺魚的創意油炸佐甜醋沾醬

照片為P.114

○**材料**（4人份）

鰺魚……………………………… 4尾
麵粉……………………………… 適量
蛋白……………………………… 1個的量
柿之種米果……………………… 適量
山藥……………………………… 30g
茄子……………………………… 20g
紅甜椒…………………………… 30g
大葉……………………………… 4片
茗荷……………………………… 1個
甜醋
　調味白醬油高湯……………… 120ml
　醋……………………………… 10ml
　砂糖…………………………… 10g

○**作法**

1. 以三片刀法※處理鰺魚，取出魚骨魚刺，用麵粉打底後放進蛋白中涮一下，反覆執行兩次後，撒上敲細碎的柿之種米果。
2. 把炸油加熱到160～170℃，放入**1**，油炸至整體出現微焦色澤為止。
3. 盛放到容器內，搭配以清炸方式處理、切成長條狀的山藥、茄子、紅甜椒，然後在上方擺放切碎的大葉和茗荷。混合甜醋的材料，煮沸後擺在旁作為沾醬就完成了。

（※譯註：三片刀法請參照P.64說明。）

豬肉蔥味味噌捲

照片為P.113

○**材料**（1人份）

豬里肌肉薄切片………… 3片
九條蔥…………………… 適量
味噌醬汁
　金山寺味噌…………… 1大匙或1/2大匙
　砂糖…………………… 2大匙
　生薑（切碎）………… 少許
　白味噌………………… 1大匙或1/2大匙
　酒……………………… 1大匙
麵粉、蛋液、麵包粉…… 各適量
番薯……………………… 適量
水溶解的太白粉………… 適量

○**作法**

1. 混合味噌醬汁的材料備用。
2. 把保鮮膜鋪在壽司捲簾上，排放豬肉，抹上**1**，再把切成5cm長的九條蔥當作芯捲起來，然後依序沾裹麵粉、蛋液、麵包粉。
3. 把炸油加熱到170℃，放入**2**，油炸至麵衣表面出現酥脆感為止。
4. 番薯蒸熟後切成2cm的塊狀，沾裹水溶解的太白粉後油炸。
5. 把**3**和**4**盛放到容器內就完成了。

南部炸章魚軟燉

照片為P.115

○**材料**（4人份）

章魚……………………………… 400g
碳酸水、水……………………… 各500ml
白蘿蔔…………………………… 100g
砂糖……………………………… 80g
濃醇醬油………………………… 70ml
蛋白……………………………… 3個的量
麵粉、白芝麻、黑芝麻……… 各適量
秋葵……………………………… 適量

○**作法**

1. 燉煮章魚至軟爛。章魚用鹽（份量外）按摩以去掉黏液，然後水洗乾淨再和碳酸水、水、白蘿蔔一起放入鍋裡燉煮。變軟後加入砂糖和醬油繼續煮，然後直接放涼備用。
2. 把**1**切成2～3cm長，用麵粉打底再放進蛋白中涮一下，反覆進行兩次，再分開沾裹白芝麻和黑芝麻。
3. 把炸油加熱到170℃，放入**2**油炸。
4. 盛放到容器內，搭配清炸的秋葵就完成了。

炸烏魚子山藥捲

照片為P.114

○**材料**

烏魚子…………………………… 1爪
日本對蝦………………………… 1尾
山藥……………………………… 適量
麵粉……………………………… 適量
天婦羅麵衣……………………… 適量

○**作法**

1. 日本對蝦水洗後從腹部剖開。
2. 山藥切成12～13cm長，做成桂剝※狀。
3. 用麵粉幫烏魚子打底。
4. 把**1**的日本對蝦捲到**3**的烏魚子的一半長度上。這時，蝦尾要朝上。
5. 把**2**的山藥捲到烏魚子剩下的一半上。
6. 薄薄地在整體上撒一些麵衣，放進天婦羅麵衣裡涮一下。
7. 把炸油加熱到170℃，放入**6**油炸。

（※譯註：桂剝料理法請參照P.114說明。）

加州風炸海鮮

照片為P.115

○材料（4人份）

酪梨……………………………………2個
鮮蝦……………………………………4尾
干貝……………………………………4個
烏賊……………………………………60g
太白粉…………………………………適量
牛蒡……………………………………20g
玉米筍…………………………………2根
迷你秋葵………………………………4個
番茄奶醬
- 美乃滋……………………………3大匙
- 番茄醬……………………………3大匙

甜椒粉…………………………………適量

○作法

1. 把酪梨縱向對半切開，挖掉種籽，用170℃的熱油清炸，並把外皮削掉。
2. 把太白粉撒在已事先處理過的鮮蝦、烏賊、干貝上，用170℃的熱油油炸。
3. 清炸牛蒡（牛蒡處理成桂剝※狀，斜放瀝水，做成螺旋狀）、玉米筍、迷你秋葵。
4. 把**2**放到**1**裡，再擺上**3**，然後淋上番茄奶醬和甜椒粉就完成了。

※番茄奶醬是混合了食譜份量內的美乃滋和番茄醬做成的調味品。

（※譯註：桂剝料理法請參照P.114說明。）

鮑魚玄米香煎

照片為P.116

○材料

鮑魚……………………………………100g
麵粉……………………………………50g
蛋白……………………………………1個的量
玄米香煎………………………………100g
檸檬……………………………………1/8個
精鹽（比例）
- 鹽………………………………………3
- 甜味調味料……………………………1

○作法

1. 把活鮑魚的外殼取下，橫切下鮑魚肉，用菜刀把筋切掉。
2. 用刷毛把麵粉刷在**1**上，放入打發成泡的蛋白裡涮一下，再沾裹玄米香煎。
3. 把炸油加熱到180℃，放入**2**油炸。
4. 盛放到容器內，撒上精鹽，再擺放檸檬就完成了。

馬鈴薯夾心炸

照片為P.116

○材料

馬鈴薯…………………………1個（100g）
日本對蝦………………………5尾
山藥……………………………10g
蛋白……………………………1個的量
麵粉……………………………100g
香菇……………………………1/2片

抹茶鹽
- 抹茶…………………………10g
- 粗鹽…………………………30g
- 甜味調味料…………………5g

○作法

1. 日本對蝦去殼，用研磨缽磨成碎泥，再加入山藥和蛋白混合均勻。
2. 馬鈴薯去皮煮熟，切成適當的大小。
3. 用麵粉在**2**上打底，夾入**1**，再沾裹水溶解的麵粉。
4. 把炸油加熱到180℃，放入**3**油炸。
5. 盛放到容器內，搭配清炸的香菇，並擺放抹茶鹽作為沾醬就完成了。

黃金蛋皮包巾造型黑豆零余子炸什錦

照片為P.117

○材料

零余子（珠芽、山藥豆）…………50g
黑豆（蜜煮）………………………50g
麵粉…………………………………30g
蛋……………………………………1個
鴨兒芹………………………………2根

○作法

1. 零余子用蒸鍋蒸煮，黑豆做成蜜煮風味。
2. 雞蛋煎成薄蛋皮，鴨兒芹汆燙備用。
3. 混合零余子和黑豆，用麵粉打底，少量地逐漸加入水溶解麵粉連結固定。
4. 把炸油加熱到170℃，放入**3**，慢慢油炸。
5. 用煎好的薄蛋皮包裹**4**，用鴨兒芹綁起來，再用加熱到180℃的炸油油炸。

海鰻蔥捲天婦羅

照片為P.117

○材料

海鰻…………………………………200g
青蔥…………………………………100g
麵粉…………………………………100g
梅肉…………………………………20g
青辣椒………………………………1根
檸檬…………………………………1/8個
混合油
- 沙拉油……………………………600ml
- 胡麻油……………………………100ml

○作法

1. 海鰻從腹部剖開，切掉骨刺。
2. **1**的皮上薄薄抹一層梅肉，把青蔥當作芯，把皮孔往中間捲，並用牙籤固定。
3. 把混合的油加熱到170℃，放入**3**油炸。
4. 盛放到容器內，擺放清炸的青辣椒，再放上檸檬就完成了。

2 把鮑魚切開成薄片、洋蔥切碎、蕈菇鬆開，用平底鍋拌炒後輕撒鹽和胡椒。
3 甜椒切成條狀，四季豆切成2等分。
4 把鮑魚的腸泥煮沸後過濾，混入**1**裡。
5 把黑醋倒入鍋內開火燉煮到僅剩約2成。
6 混合**2**、**4**、豌豆，塞進鮑魚殼內，把剩下的雞蛋打散，沾裹麵包粉。
7 把炸油加熱到180℃，放入**6**，油炸至麵衣表面出現酥脆感為止。
8 盛放到容器內，淋上**5**，擺放清炸的**3**就完成了。

海鮮煎餅

照片為P.119

○**材料**（4人份）

章魚……………………………80g
蝦子……………………………4尾
鯛魚……………………………80g
鮑魚……………………………2個（80g）
太白粉、鹽、檸檬……………各適量

○**作法**

1 章魚、蝦子、鯛魚、鮑魚等先做前置處理。須切成薄片，徹底沾裹太白粉，用木槌（研磨棒、擀麵棍等也可）敲打延展。
2 把炸油加熱到160～170℃，放入**1**油炸至酥脆，再撒些鹽並擺放檸檬就完成了。

羅勒和起司的炸湯圓

照片為P.120

○**材料**（4人份）

內餡食材
起司……………………………50g
羅勒……………………………5～6片
胡蘿蔔…………………………10g
培根……………………………35g
玉米……………………………20g
湯圓糯米糊
A 湯圓粉………………………200g
　水……………………………144g
B 砂糖…………………………136g
C 精粉…………………………68g
　熱水…………………………68g
D 豬油…………………………48g
芝麻……………………………適量
紅砂糖…………………………適量
長蔥、小番茄…………………適量

○**作法**

1 起司、羅勒、胡蘿蔔、培根切成配合玉米的大小，再和玉米混合。
2 把湯圓糯米糊的材料按A、B、C、D的順序混合。
3 用**2**的糯米糊把**1**包裹成圓形，周圍沾上芝麻。
4 把炸油加熱到170℃，放入**3**，徹底油炸約4分鐘。
5 盛放到容器內，擺放切碎的長蔥、小番茄，再撒上紅砂糖（在精緻砂糖中混入少量紅色食用色素的砂糖）就完成了。

酥炸三色伊勢龍蝦

片為P.118

○**材料**（4人份）

伊勢龍蝦………………………2尾
蛋白……………………………2個的量
三色微塵粉、麵粉……………各適量
萬願寺辣椒……………………4個
小切塊茄子……………………4個
鹽、薄鹽醬油…………………各少許

○**作法**

1 伊勢龍蝦的蝦肉取出，切成3等分並各自沾裹麵粉打底，然後在蛋白中涮一下，再沾裹白色、紅色、黃色的微塵粉。
2 把炸油加熱到170℃，放入**1**油炸。
3 把清炸的萬願寺辣椒和切小塊的茄子一起盛放到容器內，以鹽和醬油調味蝦味噌擺放在旁作為沾醬就完成了。

螃蟹和甘鯛的蝦芋炸蒲包

照片為P.118

○**材料**（4人份）

蟹肉（棒）……………………160g
甘鯛……………………………160g
蝦芋……………………………250g
湯圓粉…………………………適量
蛋白、麵粉、薄麵衣…………各適量
酸橘……………………………適量

○**作法**

1 蝦芋汆燙後稍微調味，再過篩混入湯圓粉，充分揉捏。
2 蝦子和甘鯛都切成長條狀，交互排列備用。以麵粉打底，再放進蛋白中涮一下，然後把**1**當作芯捲起來。
3 把炸油加熱到170℃，放入以麵粉打底後沾裹麵衣的**2**油炸。
4 切成容易食用的大小後盛放到容器內，擺放帶鱗片又帶皮的甘鯛油炸物和酸橘，就完成了。

鮑魚寄居蟹的健康可樂餅

照片為P.118

○**材料**（4人份）

鮑魚……………………………4個
豆腐渣…………………………60g
豆漿或豆奶……………………30ml
雞蛋……………………………1個
鹽、胡椒、薄鹽醬油、味醂……各適量
洋蔥……………………………1/2個
蕈菇……………………………1/4包
紅甜椒、黃甜椒………………各1/4個
四季豆…………………………4根
義大利香醋……………………適量
豌豆……………………………20g
麵包粉…………………………適量

○**作法**

1 把豆腐渣和豆漿和雞蛋（1/2個）混合，以鹽、胡椒、醬油、味醂調味，讓食材先入味。

炸醬油雞胗

照片為P.120

○材料（4人份）

雞胗……………………………100g
食材的前置調味
　濃醇醬油……………………10ml
　酒……………………………10ml
山椒粉…………………………少許
馬鈴薯…………………………適量
太白粉…………………………適量
長蔥、胡蘿蔔、青椒、小番茄、
嫩芽……………………………各適量

○作法

1 雞胗剝皮，劃幾道深切紋，做成切花造型（用菜刀以縱向斜切和橫向斜切切出紋路）。
2 把**1**稍微汆燙一下，拭去水分，放入已混合好調味料的醬汁中醃漬入味。
3 把炸油加熱到180℃，放入**2**，油炸約1分半鐘，輕撒一些山椒粉。
4 把馬鈴薯切成絲並快速汆燙一下，撒上太白粉，調整成鳥籠狀後放入油炸。
5 把**3**盛放到**4**內，擺放蔬菜和嫩芽就完成了。

蠶豆、番茄、橄欖和鮮蝦岩石炸丸

照片為P.121

○材料（1人份）

蠶豆……………………………100g
番茄……………………………1/2個
橄欖果實………………………3粒
鮮蝦……………………………3尾
麵粉……………………………適量
萬願寺辣椒……………………適量
草本鹽
　鹽……………………………80g
　羅勒（乾燥）………………3大匙
　牛至…………………………3大匙
　甜味調味料…………………20g

○作法

1 蠶豆去皮；番茄去皮和內籽，切成立方體；橄欖果實切成圓片；蝦子切成立方體。
2 把麵粉撒在**1**上，做成圓球狀，放入加熱到170℃的炸油裡，充分油炸出漂亮的色澤。
3 盛放到容器內，擺放清炸的萬願寺辣椒和檸檬，再搭配草本鹽作為沾醬就完成了。

白春捲

照片為P.121

○材料（1人份）

米紙……………………………1片
米粉……………………………10g
帆立貝…………………………1個
培根……………………………1片
香菇……………………………2片
調味料
　雞精粉………………………適量
　鹽、胡椒……………………各適量
韭菜……………………………適量
花生醬
　花生黃油……………………2又1/2小匙
　橄欖油………………………1小匙
　砂糖…………………………2小匙
　胡麻油………………………1小匙
　濃醇醬油……………………2小匙
　醋……………………………1又1/2小匙
　大蒜（切碎）………………少許

○作法

1 米粉浸在熱水裡3分鐘泡軟，瀝掉水氣。
2 帆立貝先做前置處理，切成1cm的塊狀。培根、香菇也切成1cm的塊狀，和**1**一起浸漬在調味料裡備用。
3 米紙用水還原，充分擦拭水分，小心地捲起**2**並避免弄破。
4 把炸油加熱到170℃，放入**3**油炸。
5 把花生醬淋在盤子上，再將**4**切成容易食用的大小，然後盛放到盤子上。擺上韭菜作裝飾就完成了。

※花生醬，是混合了食譜材料的調味品。

巨無霸蘑菇和牛肉的千層酥

照片為P.121

○材料

巨無霸蘑菇……………………適量
牛肉薄切片……………………5片
鹽、胡椒………………………各適量
麵粉、蛋液、麵包粉…………各適量
番茄醬
　整顆番茄（罐裝）…………1罐（200g）
　洋蔥（切碎）………………2個
　鹽、胡椒、橄欖油…………各適量
細葉芹…………………………少許

○作法

1 用刷毛清潔巨無霸蘑菇，在內側沾裹太白粉，疊上牛肉再撒上鹽和胡椒。
2 依序在**1**上沾裹麵粉、蛋液、麵包粉，再用加熱到170℃的熱油油炸。
3 把番茄醬淋在盤子上，再盛放切成容易食用的大小的**2**，擺放山蘿蔔作裝飾就完成了。

※番茄醬，是用橄欖油拌炒洋蔥後燉煮番茄，再以鹽和胡椒調味製成的調味品。

蟹肉雞燴捲

照片為P.122

○材料（4人份）

蟹肉棒……350g
木綿豆腐……1塊
雞蛋……2個
胡蘿蔔……40g
香菇……2個
木耳……20g
雞蛋精……適量
麵粉……適量
蛋白……適量
薄麵衣……適量

○作法

1 豆腐瀝水後過濾，加入蛋（1個），用研磨棒搗碎。
2 胡蘿蔔、香菇、木耳切小並醃漬調味，冷卻後放到濾網上把湯汁瀝掉，再放入**1**裡混合。
3 把沙拉油一點一點地混入蛋黃中，製作雞蛋精備用。
4 攤開保鮮膜把蟹肉棒排列整齊，撒一些麵粉再沾裹蛋白，接著抹上雞蛋精，把**2**當作芯捲起來，再沾裹薄麵衣。
5 把炸油加熱到170℃，放入**4**油炸。
6 切成容易食用的大小並盛放到容器內就完成了。

南瓜雞肉夾心炸

照片為P.122

○材料（4人份）

南瓜（5mm厚）……8片
雞絞肉……80g
葡萄乾……20g
冬粉……適量
蛋白、麵粉、鹽、胡椒……各適量
酸橘……適量

○作法

1 用電鍋等蒸煮器具蒸熟南瓜備用。
2 雞肉撒點鹽和胡椒，再把葡萄乾混合進去。
3 把**2**的雞肉夾到南瓜內，沾一些麵粉打底，再放進蛋白裡涮一下，沾裹切短的冬粉。
4 把炸油加熱到170℃，放入**3**油炸。
5 盛放到容器內，擺放酸橘就完成了。

比目魚的中式燴料理

照片為P.123

○材料（4人份）

比目魚……4片
鹽……少許
太白粉……適量
洋蔥……40g
胡蘿蔔……30g
紅甜椒、黃甜椒……各1/3個
胡麻油……適量
蔥白……1/2根
調味料
　雞湯粉（雞湯塊）高湯……100ml
　濃醇醬油……2小匙
　砂糖……1大匙
　醋……1大匙
　味醂……1/2大匙
水溶解的太白粉……適量

○作法

1 以五片刀法處理比目魚，輕撒一點鹽，再沾裹太白粉。
2 洋蔥、胡蘿蔔、紅甜椒、黃甜椒皆切碎。
3 把炸油加熱到170～180℃，放**1**油炸。
4 把胡麻油放入鍋內加熱，快速拌炒一下**2**，加入調味料，沸騰後用水溶解的太白粉勾芡。
5 把**3**盛放到容器內，淋上**4**，再把蔥白放在上面就完成了。

筊白筍的石籠炸

照片為P.123

○材料（4人份）

筊白筍……8根
蝦仁……150g
蛋白……少許
太白粉……少許
麵粉……適量
薄麵衣
　麵粉……90g
　水……180ml
　蛋黃……少許
青辣椒……少適量

○作法

1 筊白筍剝掉外層粗皮，在根部算起6～7cm的位置切下。
2 把**1**用圓形的穿孔器具從兩側挖洞，再用稍微小一點的穿孔器具挖下表面，做成石籠的形狀。
3 蝦仁用鹽搓揉洗淨，再把水分瀝掉，用刀刃拍打，再放入蛋白和太白粉混合。
4 把**3**放入**2**的裡面，撒一些麵粉當手粉打底，再沾裹薄麵衣。
5 把炸油加熱到170℃，放入**4**油炸。
6 盛放到容器內，擺放清炸的青辣椒就完成了。

醬油醬

[材料] 酒200ml、味醂300ml、濃醇醬油300ml、大豆醬油100ml、辣醬油50ml、砂糖50g、大蒜泥適量、生薑1片、胡蘿蔔1根、洋蔥1個

[作法] 把材料混合後用果汁機攪拌。

蔥醬

[材料] 青蔥3把、洋蔥1個、鹽7小匙、濃醇醬油200ml、薄鹽醬油100ml、味醂100ml、沙拉油1000ml

[作法] 把材料混合後用果汁機攪拌。

味噌醬

[材料] 八丁味噌300g、味醂90ml、酒300ml、砂糖100g、蛋黃5個

[作法] 把材料混合後開火加熱，燉煮約20分鐘，再以料理米酒（份量外）調整成喜好的濃稠度。

芝麻醬

[材料] 橙汁180ml、美乃滋30g、胡麻油10ml、橄欖油10ml、芝麻糊30g、砂糖30g、白味噌15g

[作法] 把材料混合即可。

鹽麴醬

[材料] 鹽麴10ml、洋蔥（切碎）30g、檸檬汁15ml、橄欖油30ml、鹽和胡椒各少許

[作法] 把材料混合即可。

海膽醬汁

[材料] 生海膽20g、海膽醬5g、高湯30ml、濃醇醬油5ml、味醂5ml

[作法] 把材料混合後開火加熱，沸騰後以水溶解的吉野葛勾芡。

美乃滋柚子胡椒醬

[材料] 美乃滋50g、柚子胡椒1g

[作法] 以1個蛋黃和1/2大匙的沙拉油製作雞蛋精，加入少許洋芥子，再以少量的醋調製美乃滋。在完成的美乃滋50g中混入柚子胡椒1g即可。

塔塔醬

[材料] 美乃滋100g、水煮蛋1個、醃黃瓜（切碎）1大匙、洋蔥1大匙、續隨子（酸豆）1/2大匙、西洋芹1小匙、鹽和胡椒各適量

[作法] 把水煮蛋和美乃滋以外的材料用食物調理機攪拌後切碎，再用叉子弄碎水煮蛋，和雞蛋精做成的美乃滋（參照上述「美乃滋柚子胡椒醬」作法）混合即可。

番茄奶醬

[材料] 美乃滋50ml、番茄醬50ml

[作法] 把材料混合即可。

優格芥末醬

[材料] 芥末粉15g、純優格200ml、水適量、檸檬汁1/2個的量、鹽少許

[作法] 用少量的水溶解芥末粉，混入優格內，再以檸檬汁和鹽調味。

咖啡醬

[材料] 濃縮咖啡100ml、砂糖（焦糖）30g、昆布高湯50ml、義大利香醋15ml

[作法] 開火加熱砂糖，開始有微焦感後放入昆布高湯和濃縮咖啡，燉煮到出現濃稠感為止。冷卻後放入義大利香醋即可。

為油炸物增添變化的各式各樣的醬汁
材料和作法

●照片請參閱16～17頁

水果天婦羅拼盤

照片為P.124

○**材料**

火龍果……適量
鳳梨……適量
香蕉……適量
蘋果……適量
麵粉……適量
天婦羅麵衣……適量
奶黃醬（卡士達醬）……適量
巧克力醬……適量

○**作法**

1. 火龍果去皮，穿刺成串。
2. 鳳梨縱向對半切開，把果實取出，切成較大的立方體狀。外皮調整好作器皿使用。
3. 香蕉剝皮，切成約2cm長。
4. 蘋果縱向對半切開，把芯切掉，切成約5mm厚。
5. **1**、**2**、**3**、**4**各自以麵粉打底，再沾裹薄薄一層天婦羅麵衣。
6. 把炸油加熱到180℃，放入**5**油炸。
7. 把奶黃醬倒進鳳梨皮內，再放入炸好的鳳梨天婦羅。
8. 香蕉擺在皮的上方。
9. 把所有水果調整好形狀後盛放到容器內，再搭配巧克力醬就完成了。

餡皮冰淇淋的天婦羅

照片為P.125

○**材料**

餡皮冰淇淋……適量
麵粉……適量
天婦羅麵衣……適量

○**作法**

1. 把餡皮冰淇淋一個個地切開。
2. 用麵粉在**1**上打底，再放進天婦羅麵衣裡涮一下。
3. 把炸油加熱到180℃，放入**2**快速油炸，麵衣凝固就立刻夾起來盛放到容器內。

香草冰淇淋的天婦羅

照片為P.125

○**材料**

香草冰淇淋……適量
麵粉……適量
天婦羅麵衣……適量
喜好的水果……適量
細葉芹……適量

○**作法**

1. 把喜好的冰淇淋做成天婦羅，為盛盤做好準備。
2. 用冰淇淋杓子挖出香草冰淇淋，再用手調整成圓形，然後以麵粉打底。
3. 加一些麵粉到一般的天婦羅麵衣裡讓它好凝固（類似海綿蛋糕或鬆餅的程度），把**2**在裡面涮一下。
4. 把炸油加熱到180～190℃的高溫，放入**3**快速油炸，麵衣凝固就立刻夾起來。
5. 盛放到事先準備好的容器內，擺上山蘿蔔就完成了。

大田忠道

總料理長
井上明彥
湯村溫泉　佳泉鄉井づつや（Izutuya）
日本兵庫縣美方郡新溫泉町湯1535
TEL. +81-796-92-1111

主廚
王　世奇
四季旬菜　江南春
日本兵庫縣神戶市中央區北長狹通2-8-6
TEL. +81-78-325-8725

料理長
佐藤　學
攝津峽・花之里溫泉　山水館
日本大阪府高槻市大字原3-2-2
TEL. +81-72-687-4567

料理長
武田利史
金比羅溫泉　幸之湯　紅梅亭
日本香川縣仲多度郡琴平町556-1
TEL. +81-877-75-1588

料理長
西森徹治
山陰・三朝溫泉　三朝館
日本鳥取縣東伯郡三朝町山田174
TEL. +81-858-43-0311

料理長
元宗邦弘
清次郎之湯　湯鄉館
日本岡山縣美作市湯鄉906-1
TEL. +81-868-72-1126

總料理長
森枝弘好
山陰・三朝溫泉　齊木別館
日本鳥取縣東伯郡三朝町山田70
TEL. +81-858-43-0331

料理長
矢野宗幸
草津溫泉　櫻井飯店
日本群馬縣吾妻郡草津町465-4
TEL. +81-279-88-1111

料理長
山口和孝
金比羅溫泉　華之湯　櫻之抄
日本香川縣仲多度郡琴平町977-1
TEL. +81-877-75-3218

總料理長
山野　明
總料理長
吉永達生
京　綾部飯店
日本京都府綾部市味方町倉谷13
TEL. +81-773-40-5100

總料理長
山本真也
湯布院　山水館
日本大分縣由布市湯布院町川南108-1
TEL. +81-977-84-2101

料理製作者

烤肉醬
[材料] 濃醇醬油60ml、大蒜（切碎）10g、蔥白（切碎）20g、研磨胡麻20g、蘋果（磨成泥）40g、胡椒5g、胡麻油少許
[作法] 把材料混合即可。

肉醬
[材料] A<牛、豬、雞絞肉各50g、胡蘿蔔（切碎）1/3根、芹菜（切碎）1根、洋蔥（切碎）1/2個、月桂葉1片、迷迭香（切碎）適量、大蒜（切碎）1片>、番茄泥500ml、水200ml、橄欖油適量、鹽和胡椒各少許、黃油15g、紅酒少許
[作法] 把A的材料用黃油拌炒，待肉類開始黏著在鍋底時便倒入紅酒，燉煮一下讓酒精揮發，再放入番茄泥和水繼續燉煮，取出月桂葉，倒入橄欖油，再以鹽和胡椒調味。

凱薩醬
[材料] 美乃滋1000g、鮮奶800ml、起司400g、檸檬汁150ml、大蒜（磨成泥）100g、橄欖油250ml、砂糖100g、黑胡椒30g、香料鹽（KRAZY MIXED-UP SALT）15g、鹽15g
[作法] 把材料混合即可。

義大利醬
[材料] 橄欖油50ml、檸檬汁15ml、醋10ml、大蒜泥3g、砂糖3g、鹽5g、黑胡椒少許、羅勒適量、迷迭香適量
[作法] 把材料混合即可。

白蘆筍醬
[材料] 白蘆筍（燙熟）3根、棕色蘑菇（切碎）3個、白醬180ml、鮮奶50ml、續隨子（酸豆）5粒、鹽和胡椒各少許、橄欖油20ml
[作法] 把材料混合後用果汁機攪拌。

豆醬
[材料] 豆子1個、洋蔥1個、鹽7小匙、濃醇醬油200ml、薄鹽醬油100ml、味醂100ml、沙拉油1000ml
[作法] 把材料混合後用果汁機攪拌。

羅勒醬（青醬）
[材料] 羅勒3包、洋蔥1個、鹽7小匙、濃醇醬油200ml、薄鹽醬油100ml、味醂100ml、沙拉油1000ml
[作法] 把材料混合後用果汁機攪拌。

覆盆子醬
[材料] 覆盆子160g、砂糖60g、醋180ml
[作法] 拌炒覆盆子，加入砂糖和醋，煮沸後用果汁機攪拌，再用濾網過濾。

香蕉醬
[材料] 香蕉2根、大蒜200g、鮮奶適量、鯷魚200g、鮮奶油450ml、鹽少許、檸檬汁1/2個的量
[作法] 大蒜用鮮奶煮沸後乾煎備用。用鍋子拌炒鯷魚後加入大蒜，把鮮奶油、香蕉、檸檬汁用果汁機攪拌混合再倒入鍋內加熱。

藍莓醬
[材料] 藍莓180g、蘋果30g、水45ml、砂糖45g、洋蔥45g、鹽・肉桂・白胡椒・鷹爪椒各少許
[作法] 材料開火加熱，煮到出現濃稠感後用果汁機混合攪拌，再用濾網過濾。

TITLE

國寶大師の日式炸物好吃祕訣

STAFF

出版	瑞昇文化事業股份有限公司
作者	大田忠道
譯者	張華英
總編輯	郭湘齡
責任編輯	黃思婷
文字編輯	黃雅琳　黃美玉
美術編輯	謝彥如
排版	二次方數位設計
製版	大亞彩色印刷製版股份有限公司
印刷	皇甫彩藝印刷股份有限公司
法律顧問	經兆國際法律事務所　黃沛聲律師
戶名	瑞昇文化事業股份有限公司
劃撥帳號	19598343
地址	新北市中和區景平路464巷2弄1-4號
電話	(02)2945-3191
傳真	(02)2945-3190
網址	www.rising-books.com.tw
Mail	resing@ms34.hinet.net
本版日期	2017年6月
定價	380元

國家圖書館出版品預行編目資料

國寶大師の日式炸物好吃祕訣 / 大田忠道
著 ; 張華英譯. -- 初版. -- 新北市 : 瑞昇文化,
2014.12
144面 ; 21 x 29公分
ISBN 978-986-5749-85-9(平裝)

1.食譜 2.日本

427.131　　103022179

WASHOKU NO NINKI AGEMONO RYOURI

Originally published in Japan in 2014 by ASAHIYA SHUPPAN CO.,LTD..
Chinese translation rights arranged through DAIKOUSHA INC.,KAWAGOE.